创造性思维工具

[德] 傅利安◎著

SPM 南方出版传媒 广东人民出版社
·广州·

图书在版编目（CIP）数据

创造性思维工具 /（德）傅利安著 .— 广州：广东人民出版社，2021.6

ISBN 978-7-218-14950-9

Ⅰ.①创… Ⅱ.①傅… Ⅲ.①创造性思维 Ⅳ.①B804.4

中国版本图书馆 CIP 数据核字（2021）第 032724 号

CHUANGZAO XING SIWEI GONGJU

创造性思维工具

[德]傅利安 著

出 版 人： 肖风华

责任编辑： 刘 宇

责任技编： 吴彦斌 周星奎

装帧设计： 刘红刚

出版发行： 广东人民出版社

地 址： 广州市海珠区新港西路 204 号 2 号楼（邮政编码：510300）

电 话：（020）85716809（总编室）

传 真：（020）85716872

网 址： http://www.gdpph.com

印 刷： 北京彩虹伟业印刷有限公司

开 本： 880mm×1230mm 1/32

印 张： 8 **字 数：** 172 千

版 次： 2021 年 6 月第 1 版

印 次： 2021 年 6 月第 1 次印刷

定 价： 52.00 元

如发现印装质量问题，影响阅读，请与出版社（020-85716849）联系调换。

售书热线：（020）85716826

中文版前言

当我在2013年自行出版《创造性思维工具》的第一版时，我从未想过几年后我们会在德国与一家出版商一起出版第10版。这本书后来被称为“创新的圣经”，因为它的德文版从外观上看很像一本《圣经》。在这本书的德文版售出四万多册后有了英文版，现在又有了中文版。

我很高兴又有了中文版的《创造性思维工具》。20年前，我在中国学习了一年的汉语。自2006年以来，我和creaffective（www.creaffective.com）的同事们每年都会来中国几次，与这里的客户合作。那时我自己会说中文，并且能用中文与客户沟通交流，但我只能随身带着我的书的英文版。现在，我非常高兴我可以直接提供给客户中文版的《创造性思维工具》了。

在过去的15年里，我和我的同事们为成千上万人进行了系统的创造性思维培训，并与中国的公司合作开展了创新项目。本书中描述的原则、过程和工具已经在这些项目中得到了应用。

我希望这本书能成为你的一个“好帮手”，无论何时何地，都能帮助你获得新的想法和解决问题的方案。

祝你快乐成功！

如何使用本书?

这本书的设计灵感来源于广受欢迎的著名笔记本品牌Moleskine。笔记本大小的设计让它便于随身携带，您也可以根据需要，翻开它，在上面记笔记、思考所得或灵感，也可以把它当作工具书来查找思考方法或寻找创新灵感。

本书采用相互独立的编排设计，方便您随时翻到一个章节进行阅读。

此外，您不必一口气从头到尾读完这本书。我希望它能给您带来巨大的帮助，成为您经常翻阅的案头良友。

本书所介绍的创造力和创新思维工具中包含了重要的基本法则。在处理所有相关问题时，都应当考虑到这些法则。此外，本书主要提供了对各种思维工具的介绍，这些介绍简明且极具实操性。

在编排时，7 种思维工具按照与创新的关系进行了归类。反过来，这些思维工具也是解决创造性问题的各种流程模型的基础。因此，本书也介绍了这些模型。

您可以根据自己当下所面临的与创新相关的问题和需求，在书中找到对应的章节和思考策略，进行有针对性地阅读。

《创造性思维工具》这本书旨在为您提供简明且极具实操性

的创新策略和创新流程模型的介绍。

此外，我们在本书的最后，为渴望对相关主题进行深入研究的读者提供了参考书目。

目 录

第一章
基本原理

本书介绍了一系列可以应用在创意过程中的简单而多样的思维工具。

然而，这本书包含的并不仅仅是一系列的方法，还有一些基本原理，它们可以帮助你理解如何运用这些方法，并且能够让你意识到在创新道路上的唯一途径就是掌握相应的方法。

诚然，创意和创新也要依靠许多其他因素，但是在阐述基本原理时，我们会暂时避开这些方面。在开始之前，希望我们可以在对创意和创新的理解上达成共识。

要知道，使用一切思维工具的前提是，理解发散性思维和聚合性思维之间的动态平衡，以及这两种思维阶段之间的差异。这一点尤为重要，也是真正意义上的前提。如果没有考虑到这个基本前提，所有方法的效用都会受到限制。

一、创意与创新的定义

在 20 世纪 50 年代，人们开始把“创意”作为心理学的分支进行研究。曾任美国心理学学会主席的 J.P.Guilford（乔伊·保罗·吉尔福特）在 1949 年进行的一场题为“思维能力结构”的演讲成为研究创意的主要动因。在他的演讲中，他表示创意是每个人都可以用的一种资源。因此，每个人都可以用它为社会作出巨大的贡献。在当时，人们普遍认为所有理智的行为都是由一般智力构成，而 J.P.Guilford 的观点与这一观点形成了鲜明的对比。

然而，并没有一种为研究者们普遍接受的关于创意的定义。可以说，有多少人在进行创意的研究，就会有多少种定义。每一种定义反映了不同的研究背景，且包含了不同的研究方面。想要用一种定义去概括创意在不同层面上错综复杂的含义，这的确是一个挑战。我们将关注的是这些多样的分类，因为这对我们理解系统创意更有帮助。为了实现本书的初衷，我们会用一种能够被大众普遍认可的概念去定义创意。

下面是一些关于创意的定义：

“创意是一个带来新事物的过程，被创造出的新事物必须有效合理，或者在某种程度上能够获得一些重要人士的认可。”（M.Stein，1953）

“创意是一种能够在某一方面带来独创性观点的能力。它通过分析并重构我们关于某一领域的认知，来获得对其结构的深度认知。”（T.Proctor，2005）

“两种观点的第一次相交。”（O.A.Keep，1957）

对于 creaffective 公司来说，我们在研讨班中对创意下的定义是：“创意是一种能够提出新颖且有用的观点的能力。”

“新颖”这个词本身并没有说明事物的新鲜程度。在我们的定义中，“有用”一词也没有说明这一创意对于多少人来说是有效的，这一点刚好和 M.Stein 的观点相反。

创意和创新之间的关系是，创意和创新两个词经常被视作近义词。的确，创意和创新二者紧密相联，但是在有效性和新颖性方面，二者还是存在差异的。

下面是一些关于创新的定义：

“创新是一个可以把想法或者发明转化为能够创造出价值，或能让消费者愿意购买的物品或服务的过程。”［*Business Dictionary*（《商业词典》）］

“发明和研发（实施）。”（E.Roberts，麻省理工学院教授）

在此，我也想提出，在 creaffective 公司中，我们对创新所使用的概念：“创新是将一些新颖且有用的事物引入市场、组织或者社会的行为。”

很明显，创新远远超越了创意。创新指的是有多少创意的成果能够被运用到更广的领域中。从一个公司的角度出发，更广的领域意味着一个需要供货的市场，或者公司内部的需求。

有效性优先，这是创新的一条准则。创新的有效性必须得到外界的认可。对于一个新产品或者新服务来说，这一点可以从二者的需求量中看出。

无创意不创新。正如上述概念和第 5 页插图所示，对于每一次创新，创意是起点也是核心。创新把创意结果引入或者拓展到更广的领域中。要实现这一目的，首先需要获得新颖的想法，并且只有当这一想法足够有效时，才能将它引入更广的领域。

把创意引入更广领域所带来的成果将远远超过最初的想法。同时，创意本身必须足够具体且经过深思熟虑，这样才可以付诸行动。因此，创意并不仅仅是产生一个个原始想法，还意味着要充分开发这些想法，这样人们才能够运用它们。

尽管也会有偶然因素的影响，但创意并不是毫无根据的灵光乍现。暂且不说其他，创意是一个可以被有意识、有计划地掌控的过程，因此我们可以把它引入到更广的领域。

创意和创新示例

创意
创新
环境
"创意是一种能够提出新颖且有用的观点的能力。"
"创新是将一些新颖且有用的事物引入市场、组织或者社会的行为。"

二、创意的 4P 模型

系统创意能够成为创新的催化剂。我们列出了一些创意的定义，以及创意和创新之间的差异，也已经发现它们在侧重点上有明显的不同。

在 20 世纪 50 年代中期，美国心理学教授 Mel Rhodes（梅尔·罗德兹）分析了创意的各个方面，并将它们分门别类，还把它们的概述写入了创意的 4P 模型中。Mel Rhodes 对创意的组成部分进行分类，给进一步研究这一领域提供了一个有效的体系。

创意的 4P 模型是一个沿用至今的有效的工具。在它的帮助下，你可以发现影响创意的各个因素，并且理解作为一个独立的个人、团队和公司，在哪些方面需要或者必须通过调整来产生更多的创意。

4P 指的是 person（个人）、process（过程）、press（环境）和 product（产品）。

个人。创意始于个人，而创意的结果要依靠人的行动和人与人之间的互动来获取。每个个体都有独特的品质、价值观、态度、思考方式和行为模式，这些反过来都会影响创意过程和创意环境，并最终产生一个全新的、有效的或是有创意的结果。

过程。一个有创意的点子并不会从天上掉下来。创意的出现往往遵循着这样一个过程：从最开始提出问题或出现灵感，直到提出一个新的解决方案。在解决问题时，人们天生就会使用某些系统的过程。

基于在过去60年中对一些著名创意人士的观察和采访，创意过程模型得以细化和发展。这些模型被不断改进和发展。创意过程模型已被许多公司使用。它们既是方法本身，也是可以为个人和团队所使用的行之有效的创新思维工具。

环境。Mel Rhodes从拉丁文“pressus”中获得了“press”这个词，它指的是一个盒子或容器。因此，这里的“环境”是指人和操作过程所处的场所或背景。背景的特性会给个人的行为以及过程的展开带来积极或消极的影响。比如，我们都经历过那些看起来无论如何都无法提出任何有创意的想法的时候，但是在其他一些情境中，得到创意却易如反掌。有创意的氛围或者有创意文化的环境可以影响人们。

产品。在个人、过程和环境三个圆相重合的地方（见第8页插图），你就会看到有创意的产品。

产品在这里并不是指我们所熟知的用来出售的物品，而是指创意的结果。产品可以是有形的，也可以是无形的，例如，一首诗、一个流程或是一个理论。重要的一点是，只有使用创造性思维我们才能让创意变成产品。

毫无疑问，创造性思维是带来有价值的产品的先决条件。从某些方面来说，我们要把重点转向使用这些想法的目的上去。

其他每个方面都会给创意产品带来直接的影响。不同的人会带来不同的产品，并且每个人都会以不同的方式为团队的创意过程作出贡献。创意的过程决定是否能产生产品，进而也会影响产品的种类和质量。我们会在后面谈到这一点。环境也会影响个人、过程以及产品的发展方式。

创意的 4P 模型示例

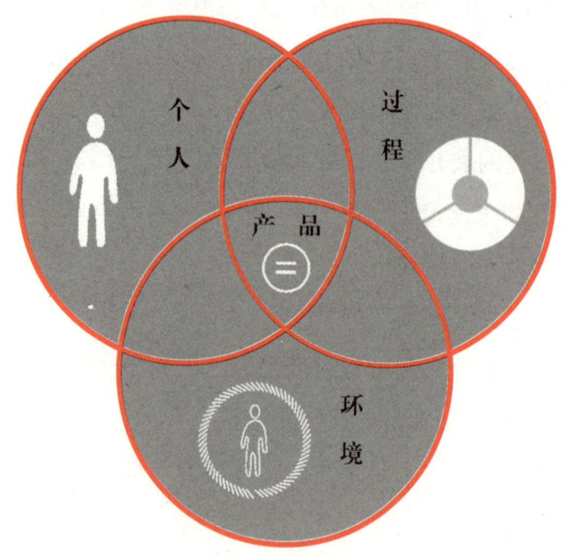

三、如何培养和激发创造力?

许多人认为创意是一种内在的能力，可能你生来就创意无限，可能你天生毫无创意。在这种观点的影响下，我们会听到有一些人说："我偏偏不是一个有创意的人。"

针对创意的研究表明，创意是每个人都拥有的内在能力。这意味着任何人都可以充满创造力。没错，人的确有与生俱来的才能。每个人都有独特的天赋，也有不同的专长。这就意味着每个人都可以拥有创意，并且不同的人会在不同的方面表现出创意——事实上，人们会在更擅长的领域表现出超凡的创意。

然而，创意也是一个可以通过主动练习来提升的技能。在创意的4P模型中，我们可以发现影响创意的不同因素，反之，这些因素也可以被每个人影响。

如此一来，每个人都可以改变他们的看法，比如，对新观点表现出更加开放的态度。创意思维有一些基本技巧，比如，使用发散性思维和聚合性思维，这是每个人都可以学习的。如果坚持这样做，你就可以提升创意思维的能力。此外，也有可

以在某种程度上帮助个人或团队发现和整合创意的系统过程，例如，过程模型。

总之，每个人都可以对周围的环境做一些小的调整，并且有意识地创造一个有利于产生创意的氛围。

创意是自然产生还是刻意为之？

许多人认为创意是自然产生的，就像被缪斯之神垂青时，我们会出现灵光一闪的感觉。我们都知道这种稍纵即逝的感受，并且知道这就是创意过程中最难把控之处。当它们到来时，我们会兴奋不已。

创意研究者们提到一种介于自发创新和刻意创新之间的连续统一体，我们经常在一些可以激发创意的讨论中练习这种创意形式，并且支持那些能够推动创意发展的参与者。这个方法也被称作“刻意创新”。在“刻意创新”奏效之前，还有一个“自发创新”的阶段。至此，这些都是关于如何让创意产生的条件，也是环境因素经常发挥作用的地方。我们可以调整这些因素来帮助我们产生创意。这就意味着，我们需要有足够多的时间和自由，去避开持续的干扰，或者拥有一个舒适的工作环境。

许多公司会设置茶水间，因为员工们在这里可以自由交谈。创新往往就在这些偶然的交谈中产生。上述都是“自发创新”流派的案例。在“自发创新”这个方法的基础上，你还可以进一步发展创意并且进行尝试，把创意保持下去。

关于“自发创新”有一个众所周知的案例，这就是站在淋浴房的故事。许多人都有过这样的体验，当站在淋浴房或洗手间时，灵感会不由自主地产生。这种说法虽有道理，但还不够完整。正如一个我们创意研讨班的学员所说：“淋浴的感觉很棒，但还不够畅快。”

推进并支持创新示例

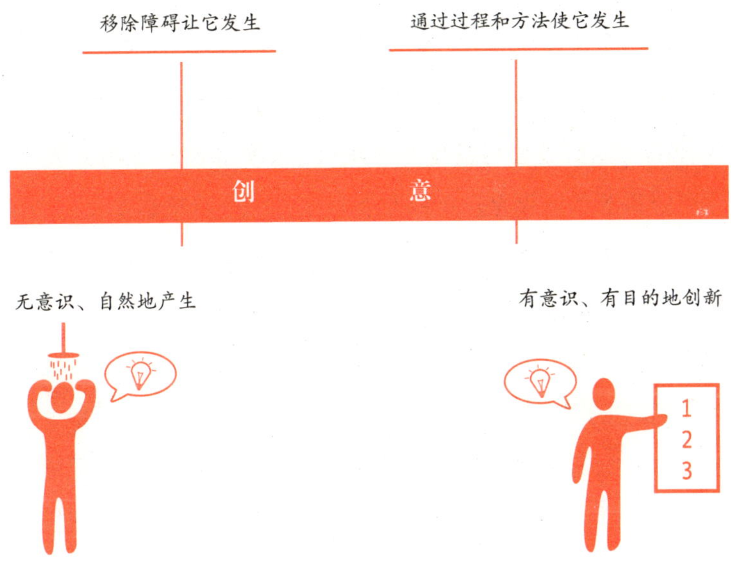

四、创新的层面

如果让某个公司职员举出一些创新的案例，他往往会提到各种基于他们的公司或行业的案例，比如，在一家科技公司，你可能得到的案例是新产品和新技术；一个汽车制造商则会强调新一代汽车所使用的一个或更多的技术细节；咨询公司的员工和从事保险行业的员工提到的创新范例则可能大相径庭。人们引用的创新范例通常来自直接的经历，比如，他们的职业或是他们的工作领域。

当谈及创新的分类时，就要注意到不同的层面。以下我会从产品（服务）、流程和商业模式三个方面，罗列出各类创新层面之间的主要区别。

产品（服务）层面：

产品（服务）层面的创新会被运用在受到专利保护且在媒体上曝光率很高的新技术上。这些新技术可以被应用在一些即将上市的产品上，例如，新一代的手机或者新一代的软件。同时，一些类似于银行或保险业提供的新服务也属于这个范畴。

流程层面：

流程层面的创新和公司的内外部环境相关，因为这种创新模式需要寻找新的或者更好的生产方式和实施方式，例如，思考如何有效生产出质优价廉的飞机零部件，如何通过安排日程或者罗列清单来优化公司内部流程，这些都体现了流程创新。一家航空公司如果只使用一种机型来简化日常维护和装卸的流程，就有了流程上的创新。另一个流程创新的案例就是把一部分流程转包给别人，比如，宜家公司，它在当年提出了一个疯狂的想法，那就是让消费者自己组装家具。

商业模式层面：

“一个商业模式描述了一个公司是如何创造、提高、占有价值的。”用户和机构的价值通常不来自技术本身，而来自使用一套新的运作方法。我们可以在现有技术的帮助下，通过提供能够满足消费者需求的产品或服务来创造价值。在德国，由大型汽车制造商建立起来的共享汽车模式就是一个案例。消费者不用购买汽车，只要付一定的费用，就可以在需要的时候把车开走。这样，人们不必再去一个固定的汽车租用场地取车，还可以把共享汽车停在自己的社区中。从技术［产品（服务）层面］上来看，汽车制造商们没有改变什么，但是他们创造了一种可以产生价值并且能够开辟新客户群体的商业模式。

通过使用共享汽车模式，公司实现了从对汽车不感兴趣的人身上获利的可能。

另一个在商业模式上进行创新的案例就是虚拟银行。这种银

行只在手机或者网络上提供服务，用户不必再去固定的大楼或办公室，就可以获得和在实体银行完全相同的服务。许多创新都是在产品（服务）、流程和商业模式这三个层面上进行的综合创新。

如今，通过巧妙组合资源或者依靠一些免费的技术，人们花相对较少的钱就可以实现创新，尤其在流程和商业模式层面。大部分电子商务模式就是这类创新的案例。

Günter Faltin（君特·法尔汀）在他所著的 *Brains versus Capital*（《大脑对抗资本》）一书中，把这种创新描述为“理念创新”。Mymuesli 公司给用户提供早餐麦片的定制服务：用户可以从 70 多种原料中自行选择，搭配好的麦片会被配送到顾客家中。Mymuesli 是在 2007 年由 3 名学生创立的，原始资本只有 4000 欧元。但现在，Mymuesli 已经毫无争议地成为德国麦片生产领域的翘楚，并且已经雇佣了超过 100 名员工。

创新的层面示例

案例	层面
产品案例：更高性能的手机、软件 服务案例：银行或保险服务	产品（服务）层面
流程案例：宜家家居的顾客必须自己组装家具	流程层面
商业模式案例：共享汽车、网上银行	商业模式层面

五、社会创新

在过去20年中，另一种创新开始引起人们的关注，这就是社会创新。社会创新可以解决社会问题或者表达社会群体的需求，它可以带来让整个社会或者某些社会群体获益的新事物。

在商业的大背景下，社会创新的收益不是经济效益，而是能给社会带来积极变化。因此，慈善机构或国家机构可以发挥更大的作用，为此提供必要的资金支持。

在公共话语中，社会创新的重要性不断得到重视，同时发展的还有经济领域和技术领域的创新。无论如何，技术创新会给实现社会创新打下坚实的基础。

与社会创新紧密相关的是社会企业。在社会企业中，社会需求和社会问题可以通过企业的运作得到满足或者解决。由于相关部门行动迟缓或者组织的效率低下，导致无法满足这些社会需求。社会企业往往具有非营利性的法律地位——商业模式也必须健康，并且不能以盈利为目的。

本书提到的所有流程和方法都可以被运用在创新的所有层面上。尽管在个别案例中，评价标准有所不同，但基本原则是一致的。

社会创新示例

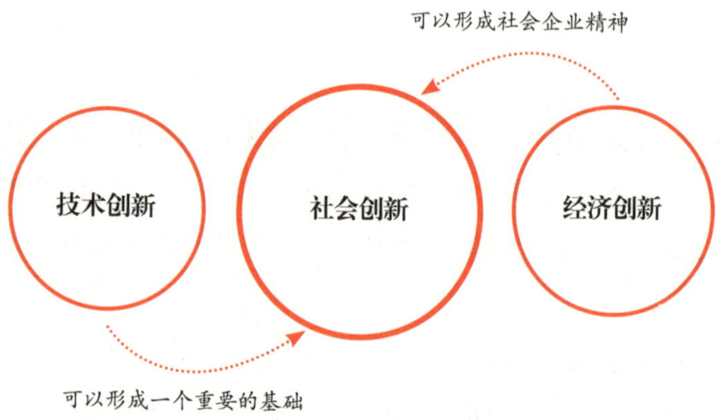

六、创新的不同类型

除了了解创新的不同层面［产品（服务）层面、流程层面、商业模式层面］以外，我们必须了解创新的类型。根据 Davila（达维拉）、Epstein（爱泼斯坦）和 Shelton（谢尔顿）的观点来看，创新可以被分为三种类型（见第 20 页插图）：渐进性创新、半根本性创新（演化式创新）和根本性创新（革命性创新）。分类的重要标准是公司所采用的技术模式（技术方面包括流程层面）和商业模式。

当创新模式与现存的技术模式和商业模式相一致时，创新就被视作渐进性创新，比如，汽车制造商推出正在生产的新款汽车。

半根本性创新中，创新只对技术（流程）和商业模式带来较小的影响。

我们可以从汽车制造业中找出更多的案例。对汽车制造商来说，前文提到的共享汽车模式就是一种半根本性创新（商业模式层面），电力引擎也是一种半根本性创新（技术驱动）。

根本性创新也被视作“游戏规则的颠覆者”：这些创新通常会给市场环境带来彻底的改变。因而我们很容易理解，根本性创新是创新中最少有也最难实现的。Davila、Epstein和Shelton认为，20世纪70年代开始出现的一次性尿布就是一个经典的案例。新技术的投入使用带来了这次创新。一次性尿布使用的材料和传统的棉质尿布使用的材料是不同的。同时，对于制造商来说，这款产品也带来了一种有深远影响的商业模式。突然之间，消费者可以在超市购买一次性尿布，使用后可以直接丢弃而不需要清洗。这就导致了尿布清洗和运输行业走向式微。公司想要长期生存下去，就要懂得运用三种创新模式：低风险的渐进性创新是现有商业模式的摇钱树；半根本性创新可以给公司中长期的发展带来动力；根本性创新可以在某一特定时期创造出巨大的竞争优势。此外，根本性创新还可以颠覆整个商业模式以及使用这些商业模式的公司。

许多人强调，如果只依赖一种创新模式，公司将难以维系。渐进性创新不足以保证长远的成功，而把赌注都压在根本性创新上会带来巨大的风险，也会增加整个公司失败的可能。创新越激进，失败的风险就越大。这就是为什么实施根本性创新计划还要权衡安全性和渐进性。

不同类型的创新也对公司提出了不同的要求。这就是一些组织机构奋力进行半根本性创新和根本性创新的原因。

对此，Govindarajan（戈文达拉扬）和Trimble（特林布尔）提到绩效引擎和创新（根本性创新和半根本性创新）之间在根本上的不相容性。绩效引擎代表着规定好的商业运作、运营和标准化方式。它关注的是绩效，旨在以尽可能低廉的成本生产现有的产品或提供现有的服务。它的核心在于重复性和状态可预测性。绩效引擎可以确保一个公司的主营业务持续运营，并带来持续的收入。干预和改变会给高效率的结构带来混乱，继而引发问题。

因此，大部分公司退而求其次在现有的流程和运作模式下使用渐进性创新。他们可以应对流程、技术、市场层面上出现的最小变化。

半根本性创新和根本性创新会与绩效引擎，企业结构、理念和行为模式相矛盾。低预期性是这两种创新模式的特点，因此会产生许多不确定性。尤其在初始阶段，人们不能明确地知道这段“旅程”将要在何时结束。根本性创新要比半根本性创新更具深远意义。半根本性创新和现存的模式之间存在着一定程度的相容性，因为市场或者技术本身没有变化。但是在根本性创新中，一切都是崭新的。从绩效引擎的思考模式来看，这类创新计划是具有破坏性的，会让现存的运作模式出现混乱，并影响公司的收入。在最初阶段，根本性创新甚至会被视作毫无作用，因为它和现存的经验之间没有任何共同之处。这些创新计划往往无法在现存的公司体系或者部门（包括认可这个创新计划的部门）中得到实施。因此，半根本性创新和根本性创新需要不同的公司结构、指标和成功标准。同时，它们也需要不同于绩效引擎提供的激励措施和团队（也需要外部人员）。

一些公司尝试创立某些独立机构，使其可以在绩效引擎现有的规定外进行运作。购买创新公司也是一种可以给公司带来更多根本性创新的策略。

对于所有创新类型来说，我们在本书中讨论的系统性创造性思维都具有适用性和相关性。

创新的不同类型示例

技术 \ 顾客或市场	靠近现实	远离现实
远离现实	半根本性创新	根本性创新
靠近现实	渐进性创新	半根本性创新

七、动态平衡：发散性思维和聚合性思维

系统的创造性思维由发散性思维和聚合性思维这两种截然不同的思维过程组成。但这两种思维过程的发生互不相干。

发散性思维是指对众多新颖且互不相同的对象进行广泛的研究。研究对象可以是想法、问题的解决方式、实施步骤等内容。

聚合性思维是一种针对对象进行的集中、积极和肯定的评价过程。

这两种思维过程之间的鲜明差异构成了创造性思维的基本原则。没有这些差异，创意的过程和创意的方法就没有意义。因此，在最开始我们会扩大选项（发散性思维），这个过程需要尽可能多地收集想法、选项、可能性和观点等，而不需要在当下（可能只是在你的思考中）评价它们（聚合性思维）。

创造性思维可以收集之前毫不相干的想法，并且创造出新

的事物。正是为了这个目的，离开已知领域，并且有意识地迈向需要探索的未知领域是十分有必要的。发散性思维可以帮助我们做到这一点，而在收集这些新想法以后，我们再使用聚合性思维。聚合性思维可以从不同的未知内容中筛选出新颖的内容，从而扩充已知的内容，如此产生的新想法往往易于理解也符合逻辑（即常常所说的“为何之前没有想到”）。但在此之前，我们很难发现新想法，因为纯粹的逻辑思考并不能获得这些新颖的想法。这就是首先使用发散性思维再使用聚合性思维的原因。

从经验上来看，这种简单且理性的原则在现实操作中往往对人们来说富有挑战性。人们通常不愿听凭发散性思维的发展，并且会当即使用一个聚合性思维的“过滤器”来评判每一个还在酝酿中的想法。当一个想法被彻底思考后，经常会出现“没错，但是……”的反对声音。我们思考一个东西的时间越长，在思考的过程中就越容易混淆聚合性思维和发散性思维。

系统的创造性思维是这两种独立思维过程的平衡。在区分这两种思维过程之后，你会意识到，首先，我们真的可以从不同的角度研究和思考同一个对象。其次，与一个主题相关的所有因素都会被发现并且考虑在内。然后，会出现之前没有想到的新选项，这也为找到新颖且实用的方法增加了可能性。最后，在我们过早地再次限制住思维之前，我们要让自己保持一个开放的心态，这样我们的思维就可以更加系统，也更全面有效。

发散性思维和聚合性思维示例

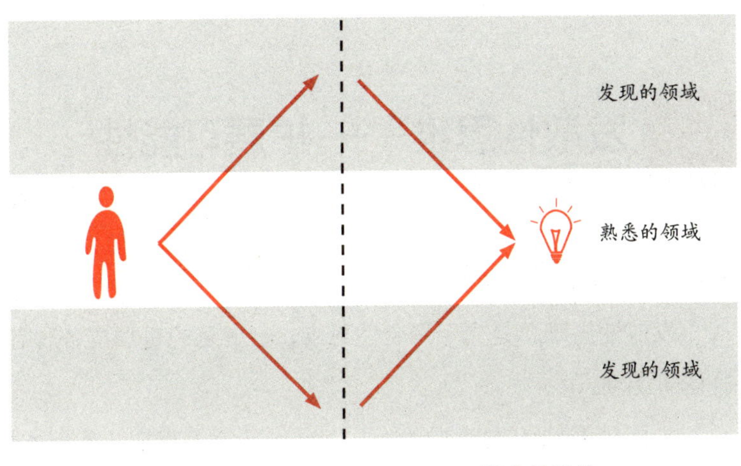

八、发散性思维——扩展可能性

发散性思维总是先于聚合性思维，它的目的是形成各种各样的可能性。

头脑风暴法的发明者 Alex Osborn（亚历克斯·奥斯本）在 20 世纪 50 年代给这一方法确立了基本法则。尽管做了一些微调，但现在我们依然在使用这些法则，并且这些法则并没有局限于头脑风暴法。我们可以利用它们创造和探索更多的可能。

发散性思维的法则：

1. 推迟决定

搁置所有的评价（积极或消极），无论这些评价仍然在你脑中还是已被你直接说出，对想法的判断应该发生在聚合性思维阶段。我们会有这样的体验，一个具有评价性的想法会突然出现，这是因为你的心里住着一个“小小评论家”，他时而在你耳边低语，时而大吼，告诉你为什么某个方法没有用，或者某个事情不可能实现。你心里的“小小评论家”可能会反对你的思考或者大胆表达出新想法。这就是“推迟决定”发挥重要作用的最佳时刻。当你的内心创意被激发起来的时候，无论如何都要把评价判断推到一边，把这个想法坚持下去。我们不知道这个想法将会如何发挥积极作用，并且经常会对它在未来可能扮演的重要角色感到吃惊。搁置评价并不意味着放弃评价，它意味着我们不要在当下作出评价，而是要把评价推迟到后面的某个时间点。这样做一方面可以避免出现不成熟的消极判断——这种判断最容易出现，而且通常是与这个想法并不相关或者不会奏效的判断。另一方面，这个法则也帮我们正确对待积极评价。正如我们应该阻止自己太快地否定一个想法一样，同时我们也应该小心，不要让自己快速迷恋上某种想法，或是过快地关注这一想法的任意一方面。因为这样做会阻止我们发现其他同等重要的观点，甚至会阻止我们获得更好的想法。

2. 力求数量

我们把创意定义为新事物的诞生，而且创意的新颖性通常是合理且明显的。有时在结束的时候，我们会双手抱头并且扪心自问："我们为什么没有早点想出来？"在新想法出现之前，它很难被发现，这说明我们并不只是依靠逻辑思考来发现新想法。这就是我们需要使用发散性思维法则的原因：去增加获得好想法和发现新事物的概率。我们的首要任务是产生各种各样的想法。在起始阶段，想法的数量很重要，而由量变产生质变则发生在聚合性思维的环节中。我们获得的想法越多，就越有可能在其中发现好的想法。在开始之前，我们没有能力在这些想法中判断出哪些是有效的。因为在发散性思维的环节中，我

们不能去判断想法的好坏。

3. 追求天马行空

很多人会觉得寻找天马行空、与众不同以及前卫的观点，会给打破常规的思考方式，获得新颖的想法和视角带来帮助。一个在初始阶段看似没有任何可行性的愚蠢想法，通过一步步的调整和发展就有可能成为一个易于操作的办法。通常情况下，一些最初看似荒谬的想法，到后来往往最具有利用潜力。

而且，这些大胆的想法为获得更多实际可行的想法提供了跳板。这样一来，这些天马行空的想法只是帮助我们远离刻板和传统思维的一个必备的中间步骤。

几年前，当我在一家传统而保守的巴伐利亚公司培训时，碰巧遇到了一个案例，它可以证明非传统想法的价值。为了给发散性思维寻找一个练习话题，一个训练小组想到了“一个更加开放的会议氛围”这一主题。这个小组通过使用发散性思维的四个基本法则，开始就公司如何在会议中创造一个更加轻松的氛围拓展思路。

一个组员搁置了他的判断，故意想出了一个打破常规的想法：如果我们在会议最开始的时候分发一些兴奋剂，那么会议的氛围就会非常轻松。你可以想象得出这群保守的组员们的第一反应。

然而，另一个同样搁置了判断的组员运用了下文将要提及的第四条法则，说道：“当我听到兴奋剂的时候，我想到了巧克力，因为它也是一种兴奋剂。而且我们真的可以在每次开会之前吃一些巧克力。”这时，所有的组员都不得不承认第二个想法更合适。如果没有“兴奋剂”这个想法，就不会有“巧克力”这个想法。

4. 借助其他想法

有意思的想法往往诞生于对现存观点的组合与发展之中。在创造性思维中，为了创造出更多的可能，我们要把每一个想法视作可以和其他观点进一步组合或者发展的起点。这就意味着，每一个想法或观点，无论它们来自哪里，都可以成为发散性思维的起点。你可以把这个想法作为基础，可以对它进行调整或进一步加工。在这个过程中，你可以创造出更多的想法，就像在“在会议前发放兴奋剂”这个想法中提到的那样。你可以从自己的想法出发，也可以借助他人的想法。特别是当小组成员真正愿意接纳彼此的观点，并且愿意借助这些想法时，这个法则在训练小组中十分奏效，并且可以给我们带来更多的想法。通过对一些问题的思考有助于我们的大脑迸发灵感。当你想出一个点子，或者从别人那里获得一个点子的时候，可以使用下面的建议帮助自己更好地拓展它：我如何借助这个想法并进一步发展它？我如何调整或修改它？我如何让这个想法变得更好？

不要只是在拓展思路的时候练习使用发散性思维，它还有其他的用处。

有时我们会产生这样的感觉：发散性思维和聚合性思维只和拓展思路有关。这并不是事实。正如我们将在创意的过程这个部分看到的那样，在创意行为的前后都还有一些额外的步骤。

例如，当你想要通过搜集数据和信息来了解一个情况时，你可以使用发散性思维去罗列出所有可能相关的数据，无论第一眼看来这些数据是否与情况相关。我们还可以使用发散性思维去发现一个情况的关键因素，在没有使用发散性思维之前，这些因素往往会被我们忽略。

九、聚合性思维——筛选方法

聚合性思维是一种集中、积极（正向）的评价想法的过程。在这个阶段，我们要在之前使用发散性思维获得的想法中，挑选出最有价值的想法。在使用发散性思维的过程中，尽管我们知道只有一部分点子会被保留下来，但我们依然会有意识地想出很多点子。我们要使用聚合性思维去发现这些值得留下的想法。这个阶段和发散性思维的阶段同等重要，同时我们也要小心行事。就算在发散性思维阶段我们产生了许多富有创意的想法，但是如果这些想法经不起推敲，我们就不得不放弃，之前的努力就会付诸东流。

聚合性思维的法则：

1. 给出正向判断

从新事物的定义来看，它不可能和我们已知的事物完全匹配。我们的大脑有一个特殊功能，它时时刻刻都在把我们接收的信息和我们已知的经验进行对比，然而这种功能对创造力的培养没有益处。很多时候都是这样，当某个信息和我们的经验不一致时，大脑中的危险信号就会被激活，大脑会开始检查这个新事物是否会带来威胁。大脑的这一特性会导致人们不自觉地关注新事物中的潜在问题或是一些可能行不通的地方。这种反应的潜在危险在于，我们可能会过快地否定一个想法，因为它们不符合我们已有的经验范式。我们对这些表达十分熟悉："这是行不通的，因为……""我们之前从来没有像这样做过……""有道理，但是……"。所幸，人类并不完全是大脑思考模式的奴隶。所以聚合性思维的第一条法则就是要打破这种问题检测行为，转而去思考这些想法的潜力，而非它们的问题。当我们评估备选想法时，我们首先关注的是这一想法的优点，思考其中的潜在优势，而不是思考在哪里可能会出现问题。我们用积极的态度对待备选想法，我们就有可能把这个想法思考得更久，而不是断然否决它。没有想法在最初就是完美的，它总是会有问题相伴。

2. 要小心谨慎

在评估备选想法时，我们投入的时间和精力要与思考这些想法时一样多。对于每一个备选想法，我们都要使用一些标准进行评估，并且尽可能地检测它们是否合适。在这个时候，我们不应该执着于某一想法，也不应该迅速否决一个想法。除此以外，我们要花时间再次思考所有可能性，并且做出选择。

3. 时刻牢记目标

创意总是和找到解决问题的办法有关。在发散性思维的过程中，我们为着某一目标思考出备选想法，然而这些想法都没有解决某个特定问题。你在评价单个想法时，需要时刻提醒自己牢记目标，并且思考这个想法是否可以帮助你实现目标，或者对你的目标是否有意义。

4. 保留新想法

我们使用发散性思维去探索和创造新想法，是因为现在思考出的解决方法还不尽如人意。当你在筛选想法时，谨慎地对待新想法或非传统的想法是非常重要的，不要草率地否决它们。在“给出正向判断”这一法则中，我们发现人们容易对自己不熟悉的事物做出草率的决定。这个法则再次揭露了这个事实：新想法中蕴含着有价值的创意。因此，当我们决定要否决它们之前，要深思熟虑。

5. 改进想法

一个想法不可能是一个现成的解决方案，它更像一颗种子，在成熟之前需要人们投入时间去悉心栽培。

在评价过程中，我们要记住，一个想法并不是一个可以马上使用的解决方案，相反，更有可能是我们需要不断改进的方案。在聚合性思维中，这个法则非常重要。与做出最终决定相比，我们更需要花时间思考这个想法中的积极部分，并且不断发展它。和发散性思维类似，聚合性思维并不只关乎推进想法这个环节，而是在想法出现的前后，它都扮演着重要的角色。

十、适合创意与创新的环境

你一定非常熟悉哪些情境有助于产生创意，哪些情境会扼杀创意。创意的产生或被扼杀不一定在于你身上有哪里发生了变化，而在于你所处的环境的不同。我们发现，在某些人面前，我们可以自由思考，但是在某些人面前，我们的思考会受到限制。

简而言之，无论你是否承认，环境、人、地点都会影响你的创意水平。但幸运的是，你可以通过改变周围环境来激发创意。

你必须感到舒适：

从个人角度来看，“你必须感到舒适”这个经验法则非常有效，这是有效地进行创意思维的基本要求。下面是一些可能会影响你状况的因素。

1. 地点

你所在的地方。你可以在一个环境宜人、令人振奋的房间里工作，这可以激发你的创意。你也可以身处一个寒冷、压抑的房间，但这样的环境就不利于产生创意。

2. 时间

在一天中，什么时候思维最活跃、最容易集中注意力，各人有着不同的偏好。对于一些人来说，可能是早上的几个小时，对于其他人来说，可能迟一点会更好。重要的是，你要知道自己对时间的偏好，而不是忽略它的影响。

3. 独处还是共处

大多数的创新都出自团队。现在的世界过于复杂，没有一个人可以靠一己之力找到所有答案。但是，人并不总是处在一个团队中，一定会有一些不得不依靠自己的时候。

当我们询问参加创意培训的学员在什么时候最容易想出好点子时，我们会听到许多不同的答案。许多人说在安静的地方独处时会想出好点子，但是有一些人说在和别人进行互动或讨论时会想出好点子。所以，对于独处还是共处，并没有一个严格意义上的好与坏。

4. 紧张或平静

持续高强度的工作会破坏创造力。毫无疑问，这已经得到了所有相关科学研究的证明。尽管如此，在使用创意的过程中，人们对于紧张或平静的偏好还是有所不同。许多人说压力对他们有负面影响，他们需要宽松的时间和自由的氛围。但是另一些人认为，在一个严格的截止日期的压力下，他们的效率反而最高，如果没有压力，他们就会不在状态。这又是一个需要每个人去寻找平衡点的地方。我们可以确定的是，我们不应该处在过大的压力中，也不应该毫无压力。

公司中的创意氛围：

获得创意的方法和思考过程很重要，但是如果想要在公司中获得创意成果，我们就需要拥有一个适合创意和创新的企业文化。

我们很难直接衡量一个企业的企业文化。这一领域的研究者们几乎不能评价相应的调查结果，以及事关企业文化的其他有形迹象。瑞典学者 Gren Ekvall（格伦·埃克沃尔）花费数年，研究构成创意文化的因素。他提出 10 个用来衡量创意氛围的因素，这些因素会影响公司员工的创意水平。下面是 Gren Ekvall 指出的 10 个因素。

1. 决心

决心就是团队成员在完成任务和目标的过程中投入的情感。在一个充满决心的环境中，人们工作时会感到快乐和充实，并且会投入许多精力。

2. 自由

当公司的员工可以影响实现目标的方式，或者可以独立做出决定时，就说明公司的氛围是自由的。相反的情况是，员工的每种行为在事前就被公司提前规定好了。

3. 观念支持

这个方面是指我们如何对待这些来自同事的新想法。这些新想法是得到了欣赏，或是能够被大家讨论，还是被当作一些令人厌烦的额外任务，让人避之不及？

4. 信任与坦诚

还有一个影响因素是，在公司里，人们能够在人际交往中获得多少安全感。在一个坦诚的环境中，人们更愿意分享新想法和新观点。在一个充满信任感的氛围中，没有人会害怕被嘲笑或犯错。

5. 活力与生机

这个因素是指一个公司或团队的活力程度。例如，是否会发生一些让人意想不到的事情？是否会有惊喜（积极意义上的）？是否可以准确无误地预测出从周一早上到周五下午会发生的事情？

6. 活泼与幽默

当人们不再把自己当回事的时候，活泼和幽默的氛围就会出现，一种轻松自在的氛围就会慢慢形成。在这种环境中，欢声笑语时常出现。

7. 辩论

Gren Ekvall 把“辩论”定义为观点和想法的交锋。在一个允许辩论的环境中，人们会更加自信。因为人们可以表达出不同的观点，并且利用这些多元的观点寻找更好的方案。

8. 冒险

只有在对风险和不确定性表现出宽容的氛围中才会出现冒险行为。在这样的氛围中，人们敢于果断地做出决定，直接进行尝试，而不是首先进行周密的分析和计划。在没有太多冒险行为的氛围中，人们会在安全范围内做任何事情。在这种氛围中，委员会对议题进行漫长的讨论，但是直到最后往往也无法做出决定，因为在整个过程中，没有人愿意承担任何风险。

9. 思考时间

思考时间是指公司中的员工们用来思考想法，或者进一步发展现有想法的时间。我们用来推动新事物发展的时间往往不够充分，因为在此之前没有人知道哪一个备选项是最终方案。因此，找到一个行之有效的方法需要花费时间。

10. 矛盾冲突

Gren Ekvall 把冲突定义为，我们在讨论中因为个人情感上的紧张关系而反对他人观点的行为。

在一个充满矛盾冲突的氛围中，人们会因为提出想法的人或者团队而否定一个想法，进而导致忽略了这个想法本身的优点。这不免会浪费许多时间和精力。

除了矛盾冲突以外，其他九个方面都会给创意和创新带来积极的影响。矛盾冲突是一个会带来消极影响的因素。不过，如果另外九个方面中任意一种过于占主导，也会带来消极的影响。这样，你可能就做得太过分了。

每个个体对于上述方面的认知，都会直接影响到他们的日常合作。

领导者的中心地位：

好消息是，你可以有意识地影响公司的创意氛围。你可以主动做些事情，让积极的氛围浓厚一点。

管理层的行为和态度对一个团队，甚至整个公司的影响都是极其重大的。

领导者的行为和思路对公司氛围有着非常大的影响。尽管一个领导者不能通过规章制度来确立创意，但是他们的职位本身赋予他们引领变革、把握机会的权利，并且他们能够给团队带来积极或者消极的影响。

我们逐渐意识到，在我们的客户中，鲜有管理者会刻意压制创意氛围的产生。万一发生这种情况，更多是因为他们不知道适合创意和创新的环境是怎样的，进而导致这种情况会持续影响他们后续的行为和公司的氛围。我们也发现那些愿意学习关于创意和创新的知识，并且主动提升自己创造性思维的领导们，能够给公司氛围带来明显的积极的变化。

适合创意与创新的环境示例

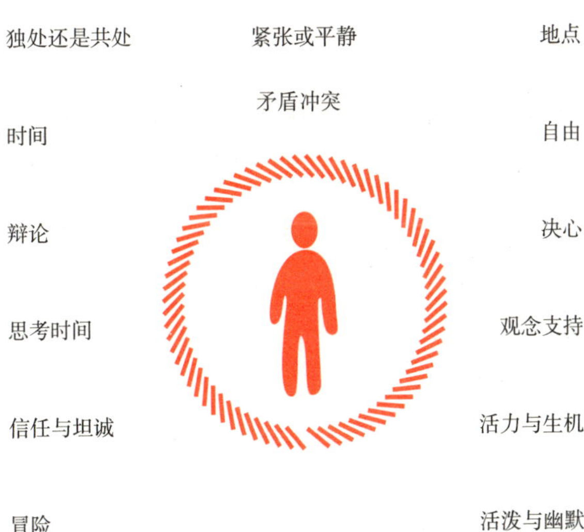

十一、创新团队

创新团队是指一支经过特殊训练的团队，他们可以解决创新过程中产生的问题。创新团队以全职或者兼职的形式进行工作。

和其他项目团队一样，专业背景成为挑选成员的重要标准。比如，团队的成员是否可以根据他们的知识和经验为项目的成功作出贡献。

然而，通常情况下，创新团队的工作方式和其他项目团队的工作方式还是有所不同的。

创新团队只负责创造出偏离现有标准的新事物。创新和现存管理方式的差别在于使用不同的思考模式和行为模式。创新强调的是思考各种可能性：创新的挑战在于过程没有期限，我们无法精确判断出最终得到的结果；创新的过程充满了争议和不确定性，并且需要不断修正；创新也可能导致失败；创新本身是一个不太有效率的过程，因为我们必须尝试多种方法，以及思考不同的方向，并且很可能要不断地否定它们。

努力的程度取决于创新的类型。对于根本性创新来说，上述这些方面会更加明显。

在此，我们可以获得一些对于创新团队的附加要求：创新团队的成员构成需要多样化，不能完全由来自同样领域的专家构成。在这个层面上，“多样化”有如下一些特质：

首先，团队里应该有各种专业背景的员工，越多越好。

其次，团队成员的思维模式也要尽可能多样化。如今，我们已经能够相当准确地评估人们善于使用的创新性思维模式，在creaffective公司，我们使用“先见测试”进行评估，这个测试可以得到准确可靠的结果。大多数人在进行创新的过程中，都有自己偏爱使用的思维模式，比如，辨别问题、发展想法、寻找解决方法、实施计划。这些思维模式都很重要，并且都会在创新的过程中被使用。如果一个团队想要达到最佳状态，那么成员的思维模式就不能只局限在一个层面上。假如一个团队中只有可以带来疯狂想法却不善于将它们具体化的成员，或者只有擅长分析现状却不擅长思考未来可能性的成员，这就不利于整个团队的工作。思维方式的多样化非常重要，你在组建团队的时候，需要特别关注这一点。

当进行半根本性创新时，有一个特别需要注意的地方就是，不建议只用老员工组建团队。这些员工往往在公司中经验丰富，在一些特定的议题中，能引入一些和该议题相关的思维模式，但是在别的领域工作的外部员工，往往能带来更多帮助。长时间在一家公司工作的员工，他们已经习惯按照某种特定方式思考问题及行动，并且他们往往不能按照创新思维所必备的要求去反思公司运作的内在逻辑。

最后，创新团队应该拥有充足的可利用时间。要根据任务的要求分配时间，有的议题不需要所有成员进行全天候的工作，但是，有一些议题可能需要成员们投入更多的时间。尽管如此，还是要确保团队在这个议题上有足够多的时间。正如上文中提到的一样，创新本身的有效性不足，进行创新的人们需要花时间去发现并进行实验。你不要指望创新团队可以时不时开个会，并且“掌控”他们的日常事务。从我们的经验来看，来自日常事务的压力正是团队需要有充足时间的原因。

创新团队示例

创意和创新团队的基本资源

十二、12 条创意策略

2014 年，在我们 creaffective 公司的帮助下，我们的美国搭档 New&Improved（新发展公司），发表了一份名为 *Demystifying Innovation Culture Efforts*（《揭开创新文化力量的神秘面纱》）的报告。

该报告总结了关于创新的五十多年的研究，以及 New&Improved 和 creaffective 两家公司十多年来，在“公司需要在哪些方面作出调整，以实现创新的持久化和常规化”这一议题上进行的研究和实践。我们发现，为了让持续创新成为可能，公司需要同时思考 12 个方面。下面，我会简单介绍一下这份报告中的关键信息。

12 个可行动领域：

1. 发展技能

创新和创意是可以习得的。我们可以教授相关领域的知识，也可以传授相关的技巧，且这些都可以为人们所习得。对于公司来说，这就意味着要给所有级别的员工，持续提供与创意和创新相关的培训。只有这样做，才能提升公司的创造力以及在创意合作和创新上的能力。

2. 责任与认同

“创新”是每家公司都会经常提到的，但并不是所有公司都会对此进行投资。在创新文化中，所有的雇员，尤其是领导层，有责任按照有利于创新的方式行事。这就意味着，我们要给那些能够带来新想法的员工，以及那些支持营造创意氛围的管理者足够的认同。

3. 关键指标

公司需要明确的是，如果需要创造价值，持续的进步和根本性的创新很重要，并且这两者都需要进行评估。对此，也要有可以遵循的标准。

4. 对于创新的 IT 技术支持

如今，交换知识和想法获得了技术上的支持。基于计算机支持的合作平台让员工（消费者）可以参与到推动想法和解决问题的过程中来。公司需要提供这样一个平台，让员工可以大致了解现实情况，这样就可以帮助他们发现在哪些地方可以进行创新，并且可以在创新的发展上作出一些贡献。

5. 环境

每个环境都会给身处其中的人们带来影响。越来越多的公司逐渐发现，可以有意识地把办公室或者工作空间设计得更适合进行创新、创意产出，以及团队合作。

6. 实验

创新的难点在于，不是所有的想法都行之有效。我们只会在尝试了之后才知道哪些有效、哪些无效。公司需要给相关的实验投入一定的风险资本，这样就可以通过实验简便快速地降低风险，并且辨别出最有前景的方向。

7. 关注

创意文化不像法律一样可以被强制实施，也不会因为一次研讨会就得以确立。更何况，创造并维持创意文化是一个需要持续且有意识地指导的过程。为了让它运作下去，公司需要有一个团队，并且这个团队可以参与到积极支持和维持创新文化发展的高层管理中。

8. 战略

从渐进性创新到根本性创新，创新有许多种类。对于大部分公司来说，它们需要把持续发展和新方法进行良性结合。为了实现这一点，制订一个清晰的战略方案非常重要，例如，通过现有条件、新条件、持续发展，估算或确定可以获得的预期收入。

9. 创新管理

有必要设立一个清晰的创新流程去管理、追踪所有项目。在许多公司里，可以在门径管理的创新流程表格中找到对创新的重要监管渠道。

10. 领导力

管理层的行为表现是所有创新实践与努力的关键所在。为了维持创新文化，管理层需要对有益于创新的行为表现出支持。

11. 探索

创新的效率是有限的，并且需要花费大量的时间。许多管理者无法理解这一点，因为他们每天都有太多紧急的事务需要处理。因此，有必要让员工拥有可以在他们职务以外进行创新的时间和自由。

12. 引导与促进

引导也可以被叫作过程调整。创新中暗藏着无法由一个人解决的难题，我们需要来自不同成员的知识和想法。因此，对于复杂的议题，组织一些能够带来促进作用的研讨活动很有意义。这些研讨小组都会由一个导师（流程主持人）带领，直到想出新的方法。这本书中介绍了可以供培训师们在带领研讨小组时使用的方法。最为重要的是，一个公司需要持续构建创意文化、组织研讨活动，并且要有足够多的培训师。

我的笔记

第二章
创意流程模型

创意和创新会被本身的效率所束缚。创造新事物的过程是有实效的，但创新的过程却并不高效。这是为什么？创新意味着引进新事物，这些新事物可以在更广泛的领域发挥作用，例如，市场。从定义上来看，这种新事物和我们到目前为止所忽视的事物都不同，我们不会提前知道它会如何到来。创造新事物的过程是开放性的。从以往的经验来看，当我们创造出这种新事物以后，大多数人会觉得它是符合逻辑且易于理解的。诚然，这只是来自以往的经验，因为在此之前，这种新事物绝不是浅显易懂的。许多人都会在进行创新时，表现出“事后诸葛亮”般的认知偏差。当新的事物真的被创造出来后，就会有人说：“我早就应该想到了。”当你听到有人这么说的时候，你应该问他们：“那么你当初为什么没有想到？”长久以来，人们更

容易把创意的过程视作试图解开一个巨大毛球的过程。我们并不能提前知道确切的解决方法，因此我们会做许多无用功，包括思考解决方案，或是驳回它们，进而在分辨哪种方法奏效、哪种方法不会奏效上浪费许多时间。创新的过程本就低效，这一本质甚至会动摇高效思考的信条。

尽管如此，创意和创新还是有一个可遵循的流程模型。在它的帮助下，我们可以组织并引导创新在本质上低效的过程。这个模型给了人们一个实用的参考框架，从而让人们能够更富创造性地解决问题。在进行创新的过程中，不断让团队明确自己所处的位置非常重要。所有的模型包括各种可遵循的步骤，可以根据需求进行重复，并且能够帮助一个团队坚持正确的方向。对于创意流程来说，确保完成每个步骤之后再进行下一步至关重要，因为遗留下来的问题会让流程变得模糊、混乱。

在创新研讨班中，我们常常会遇到人们倾向于把步骤混合起来的情况，比如，一个小组最开始会就某一主题进行数据、事实、相关问题的收集。在这一步骤中，我们不希望小组去做任何其他事情。尽管我们探讨这些观点，但是许多人还是根据他们讨论的内容，自发地形成最初的观点。形成观点是流程中的另外一个步骤，此时并不适合形成观点。在这个阶段提及的观点应该被记录下来，以免遗忘，但是并不要讨论它们，否则会导致整个团队在还不能确定这些想法是否能够解决问题之前，就对这些随意产生的想法进行详细的讨论。我们可以借助流程模型去避免类似情况的发生，并且给这个在本质上效率低下的创新过程带来更为系统、有效的安排。

毕竟，一些模型是无效的，但是一些模型是有效的。

曾经有一个教授暗自发笑地说道：“每所大学的每个教授都需要有自己的创新模型。”其实从本质上来看，所有的创意流程模型都是相似的，但是会有细微的差别。这也分别定义了它们各自的要素。

所有这类模型的核心都可以追溯到 Graham Wallas（格雷厄姆·沃拉斯）在 20 世纪 20 年代就总结出的一个简要大纲。创意的流程模型可以被划分为四个基本方面：阐明情况、产生想法、思考方案、实施方案。

一直以来，关于创意的研究和实践从未停止，所以产生了更多更为细致的模型。

我想介绍两个在理论和实践领域都十分著名的模型：国际创意研究中心开发的创意解难模型和 IDEO（艾迪欧公司）研发的设计思维模型。后一种模型的雏形诞生于斯坦福大学设计学院。

十多年以来，creaffective 公司一直致力于研究这两种模型。在实际操作中，我们发现使用创意解难模型和使用设计思维模型在本质上是一致的，只是一些方面有所不同。为了帮助客户获得最优结果，我们通常会将这两种模式进行结合。在这一理念的指导下，我们最终综合了这两种模式，形成了一个新的流程模式——系统创意思维模型。本书呈现的所有思维工具都可以在各种流程中进行使用。所有的模型都会提供一个参考

框架，我们可以利用这个框架去判断哪种工具在特定的场合中能发挥最大的效用。

在对每个思维工具的描述中，我们都标注出了能够运用在流程模型中的步骤。

创意流程阶段示例

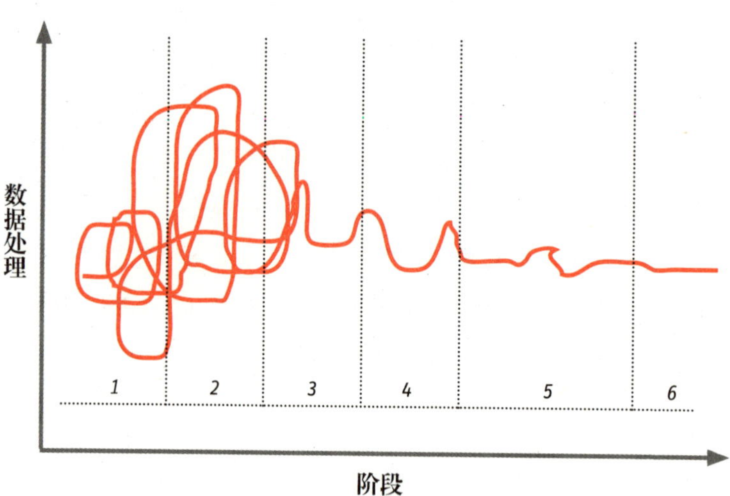

一、创意解难模型

创意解难模型最早是在20世纪50年代的纽约布法罗大学被提出。它的创始人Alex Osborn（亚历克斯·奥斯本）同时还发明了如今风靡全球的头脑风暴法。BBDO（天联广告公司）的低效会议促使他创造了这一方法。在分析了一些会议录音后，Alex Osborn建议使用头脑风暴法。在使用这种方法时，产生想法和评价想法会被分开进行。他还建议人们要遵循一定的法则。这就促使人们开始在遵守相应原则的前提下，运用发散性思维和聚合性思维。时至今日，这依然是所有创新流程模型的核心法则。

Alex Osborn和Sidney Parnes（西德尼·帕尼斯）一起创立了创意解难模型的首个版本。它以头脑风暴法为基础，只关注想法的产生。Alex Osborn和Sidney Parnes描述了创意解难模型的全部流程，并且概括了想法产生前后的各个步骤。

第54页的插图展示的是由Puccio（普奇奥）、Murdock（默多克）和Mance（曼斯）三人改良过的创意解难模型的最新版。这是一个由较多步骤构成的灵活模型，这些步骤从分辨目标开始，通过列出一些具体、可行的步骤，引领我们去实施一个富有新意和创意的解决方案。所有呈现在创意解难模型上的步骤需要不同的思维能力，并采用不同的阶段进行发散性思维和聚合性思维。

为了更轻松地实现每个环节的目标，我们可以把思维工具运用在每个步骤中。本书的主体部分呈现了特定主题的思维工具。

整个流程为一个环形，这一点很特别，因为看不出哪里是开头，哪里是结尾，也没有一个固定的顺序。之所以这样设计，是因为考虑到在进行创意的过程中，我们的操作往往比较灵活。根据不同的情境，我们可能会从不同的阶段开始。除此以外，当我们没有得到想要的结果时，就需要重复一些步骤，以实现预期结果。还有可能是因为在解决实际问题的过程中，一些步骤可能不是很有必要，因此我们可以跳过它们。

尽管模型的使用是灵活的，但是个人或团队在使用创意解难模型（见第 54 页插图）时，还是有一个相对符合逻辑的顺序可以遵循。

创意解难模型的步骤：

1. 构想未来

这个步骤的目的在于找到一个有价值的目标或者明确一个可以通过创意解决的难题。例如，“要是能创造出一个持续畅销且能给公司不断带来效益的产品就好了”。但这个步骤常常被跳过，因为目标和难题要么是明确的，要么是既定的。然而有时，有意识地思考新的目标和难题往往更值得我们花费时间。

2. 评估形势

这个环节位于插图的核心部分。一旦明确了目标，就要开始评估形势。在这个环节中，我们要尽可能多地收集与主题相关的数据和事实，以便更好地理解形势。在使用创意解难模型时，我们还可以使用这些信息来判断下一个步骤是什么。

3. 明确挑战

当我们获得了和形势相关的数据后，就应该根据这些信息去探究核心的问题，获得的答案将会让我们更靠近目标。和普遍认同的观点相反，这个步骤是分析思维和大量创意的结合。我们需要使用创意去明确问题所在，并且理解新方法的可行性。接着，我们要用开放式问题的形式，草拟出这些核心问题。

4. 思考解决方法

在这个环节中，我们要根据已经明确的核心问题去思考解决方法，大多数人都会把这个步骤同创意及创意方法联系起来。然而到目前为止，你应该已经发现，在使用创意和创意方法的前后，还有其他的重要环节。

5. 确立解决方案

这个环节中会产生清晰、明确的解决方案。它们源于最初的解决方法，这些方案在这个环节中会被不断细化，去其糟粕，取其精华。我们需要这个环节，因为最初的构想在可以付诸实施之前，必须经过一定程度的调整。

6. 调查接受度

这个环节十分重要，在确立解决方案的环节中，人们就会考虑到这个问题。在明确了解决方案之后，我们要预测影响方案实施的可能因素。这些因素往往是个人或一个特定的人群。这个环节的目的在于，提前明确这些影响因素，这样在方案的实施过程中就会少一些摩擦。

7. 制订计划

我们已经详细概括了在接下来的步骤中有哪些事项需要完成，这样一来，解决方案就自然会出现。在这个环节中，我们需要制订一份具体的行动计划，包括分配好权责、规定好完成任务的最后期限等。

创意解难模型示例

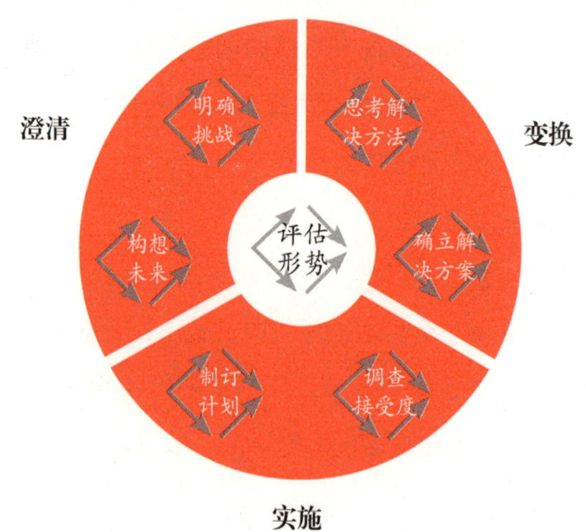

二、设计思维模型

正如设计思维模型的名字所示，它来源于设计领域。从严格意义上来说，它诞生于美国加州的斯坦福大学设计学院。美国设计公司 IDEO 提出了“设计思维”这个名称，并将之确立推广，形成了现在的模型。

在设计思维模型中，用户及他们的需求最为重要，且是所有思考的出发点。设计思维模型的整个流程都以通过创新来反映用户需求为导向。技术和经济上的可行性是重要的评价标准，但不是出发点。因此，当使用设计思维模型时，仔细观察用户在某一情境下使用产品和享受服务的过程也是一个重要部分。通过这些定性的观察，我们可以获得针对用户的创新观念。值得注意的是，设计思维模型中使用的定性观察方法，与传统市场研究中使用的定量研究方法有明显的不同。

设计思维模型主要基于用户和他们的需求，因此它没有创意解难模型应用得那么广泛。创意解难模型也适用于处理需要创意的纯技术问题，但这些问题和用户与他们的需求关系不大。

比如，“熄灭电弧的方法有哪些？”“如何增加轮胎的接触面？”。

与创意解难模型类似，设计思维模型也是重叠的。这就意味着，每个步骤都会被不断重复，直到找到一个最令人满意的答案。我们用一个线性的流程来说明这一模型的常见开展形式。

设计思维模型的步骤：

1. 理解问题

这个步骤和创意解难模型中的“评估形势”类似。它的目的是为了尽可能多地收集数据、事实和问题，来帮助人们更好地理解议题，并且更好地解决它。这一步骤也是在为发现合适的用户和利益相关方做准备。

2. 观察

我们需要观察用户以发现他们尚未被发现的需求和动机。我们会使用一些定性的方法去了解用户，采访、半结构式讨论就是这样的方法。设计思维模型的预设是，许多用户尚未明确表达出自己的需求。这样，在用户使用产品或者享用服务的时候，对他们进行观察就十分有必要。

3. 思考角度

接下来，我们一定要分析在前两步中收集到的数据，并且明确核心的挑战。这一步类似于创意解难模型中的“明确挑战”这一步。在设计思维模型中，我们会创造一个可视化的体系，并且用它全面地、清晰地展现核心问题。

4. 思考解决方法

这一步和创意解难模型中的“思考解决方法”一致。这一步的目的是针对已经明确的挑战，思考出尽可能多的解决方法，接着从中挑选出最具潜力的一种。

5. 创建模型

与创意解难模型中的“确立解决方案”类似，在这个环节中，想法要被转化成实际可行的方案。设计思维模型旨在从想法中创造出尽可能多的简单模型，以方便用户的理解。之后，我们将会进一步发展这些模型，把它们转化成实用的解决方案。我们要把想法变得具体而清晰，或者在某种程度上可以通过几个简单的工具就可以呈现出来，比如，使用纸、黏土、乐高或者简笔画。在把想法变得可视化以后，我们可以快速地分辨出哪些想法有用、哪些在实施之前还需要进一步调整。

6. 进行测试

测试的目的是为了了解用户是否真的可以理解我们思考出的解决方案，因此测试要通过用户来进行。我们需要给用户呈现这些模型，并且判断它们的有效程度，此外还要注意我们的解决方案是否能够满足用户的期待。我们可以使用用户反馈进一步完善解决方案。

设计思维模型示例

三、系统创意思维模型

十几年以来，creaffective 公司一直致力于实践创意解难和设计思维这两种模型。创意解难模型有更长的历史，而设计思维模型却获得了更多的关注。其中有一部分是受 SAP 公司的创办人之一 Hasso Plattner（哈索·普拉特纳）的影响。

两种流程模型都通过交互式、创造性的过程，旨在为开放性的挑战提出解决方案。两种模型的倾向稍有不同，但是它们采用了共同的原则和相似的思维工具。因此，它们之间的共同之处和相似之处要多于它们之间的差异。正因为如此，我们会越来越多地综合使用这两种模型来调整我们的方法，使之不断适应用户的需求。而且在最近几年，我们注意到许多公司都开始重视设计思维。

因此，我们决定创造出一个结合了创意解难和设计思维这两种模型的综合模型，我们称它为系统创意思维模型（见第 62 页插图）。

在给系统创意思维模型中的这些环节命名的时候，我们参考了创意解难模型。而在把这些步骤视觉化的过程中，我们又参考了线性的设计思维模型。从经验上来看，对大多数人来说，一个有着明确的开头和结尾的线性示意图，要比创意解难的环形模型更容易理解。此外，我们发现，系统创意思维模型本质上也是一个不断的反复的迭代的流程。

系统创意思维模型的步骤：

1. 规划未来

这个环节相当于创意解难模型中的“构想未来”，它旨在寻找一个富有价值的目标，或者明确一个能够被创造性地解决的难题。我们用虚线展示了这个步骤，是因为在很多时候，目标或难题已经存在，所以不必再去寻找它们。这样，你就可以进入下一个步骤，直接开始判断形势。

2. 思考形势

这个环节相当于创意解难模型中的“评估形势”，并且和设计思维模型中的“理解问题”这一步骤也有共同之处。它的目的是通过尽可能多地收集关于某一议题的数据、事实和问题，来更好地理解形势。

3. 用户观察

用户观察是判断形势的中间步骤或者附属步骤。我们通常在解决以用户为中心的问题时使用这一步骤。它与设计思维模型中的“观察”这个环节一致。

4. 预估挑战

这个步骤相当于创意解难模型中的“明确挑战”或是设计思维模型中的“思考角度”。这一步骤的目的是明确寻找解决方法中存在的问题，并且为进行创新找到合适的角度。

5. 思考解决方法

这个步骤在创意解难模型和设计思维模型中都有同名步骤。

6. 确立解决方案

毫无疑问，这个步骤和创意解难模型中的同名步骤一样。同时，这个步骤也与设计思维模型中的“创建模型”相一致。

7. 调查接受度（内部和外部）

这个步骤结合了创意解难模型中的“调查接受度”和设计思维模型中的“进行测试”。创意解难模型非常关注内部权益关系人的接受度，但是设计思维模型更关注终端用户，就是外部的利益相关方。由于这两种类型的测试存在一定的联系，因此它们可以在同一个步骤中进行。所以，这个步骤的目的是去证实一个解决方案是否能够被利益相关方、用户以及决策者接受。

8. 制订计划

这个步骤和创意解难模型中的同名步骤一致。这一步的目标在于，为了实施而做出一个步骤清晰的计划。如果无法一次性完成这个步骤，而不得不把它切分成许多小环节，那么在完成这些小环节之后，下一步的行动就应该是制订出一个清晰的计划。

系统创意思维模型示例

扫描二维码

★点亮创新思路

★理清思考逻辑

★分享创意案例

我的笔记

第三章 思维工具

这本书的主体部分介绍了一系列简单易懂的思维工具。

思维工具是一个系统的策略，它有意识地聚焦、组织并指导个人或团体的思考行为。已知的创意方法都是思维工具下的一个关注如何产生想法和挑选想法的分支。

正如我们在创意流程模型的介绍中看到的一样，在我们获得想法的前后都有一些额外的、重要的步骤。这些步骤对于获得一个有创意的结果至关重要。许多人对思维工具的一个困惑是，不知道在何时使用哪一种思维工具才最有效。

因此，下面列出了一系列的可以帮助你区分思维工具的问题和相关标准。

这个工具适用于发散性思维还是聚合性思维，抑或适用于两者的结合？

在创意流程模型的哪个环节使用思维工具最有效？本书呈现的每一个思维工具都适用于创意解难、设计思维和系统创意思维这三种流程模型中的每个环节。

不同的思维工具需要运用哪种思维方式？基于创意解难模型，国际创意研究中心推导出了一系列与这个模型相关的思维方法。这些思维方法可以被运用在创意解难模型的不同步骤中，但是也可以独立于这个模型之外。

在本书接下来的内容中，我们根据七种思维方法归类了这些思维工具。在每种方法的描述中，我也会指出它们适合运用在流程模型的哪些环节中，也会指出它们运用了发散性思维还是聚合性思维，或者需要综合运用这两种思维。

在使用创意解难模型时，有七种思维方法起到了重要作用。它们也是选择思维工具时经常使用的方法。

七种思维方法：

1. 愿景思维

用一幅画生动地呈现你想要创造的内容。

2. 诊断思维

对所处的情境进行精准检查，对问题的本质进行描述，对未来的行动做出决策。

3. 战略思维

辨别出关键难点，明确出发点，以便接近预期结果。

4. 在想法中思考

为了解决关键的难点而有针对性地思考出原创观点和想法。

5. 评价思维

评估解决方法的适用性和质量，以形成可行的解决方案。

6. 情境思维

洞悉能为实施方案带来帮助或是阻碍的联系和情境。

7. 战术思维

为了实现预期目标而制订一个具体可行的方案，并且观测方案实施的效率。

在后文中，我会在不同的情境中，进一步解释每一种思维方法的含义。

一、愿景思维

愿景思维是指把你想要创造的东西用生动的画面或者概念表达出来。

在创意过程的初始阶段，这种思维扮演着非常重要的角色。在愿景思维的帮助下，我们可以着眼于未来（无论是短期的还是长期的），并且可以尽量想象出理想的情况将会如何出现。我们越是把理想的情境预想得具体、清晰，我们实现这个愿景的动力就会越强。

愿景思维能够指引我们接下来的思想和行为，因为只有当我们知道前进的方向了，才能明确到达目标的路径。

愿景思维的一个部分是“幻想”。这意味着要抛开现实的束缚，构想出一个积极的情境，并且不给我们自身设任何限制。“幻想”使我们得以拓宽视野，摆脱惯性思维。这样，我们的愿景很容易变大。如果愿景足够大，那么纵使途中障碍重重，愿景依然清晰可见。

愿景思维示例

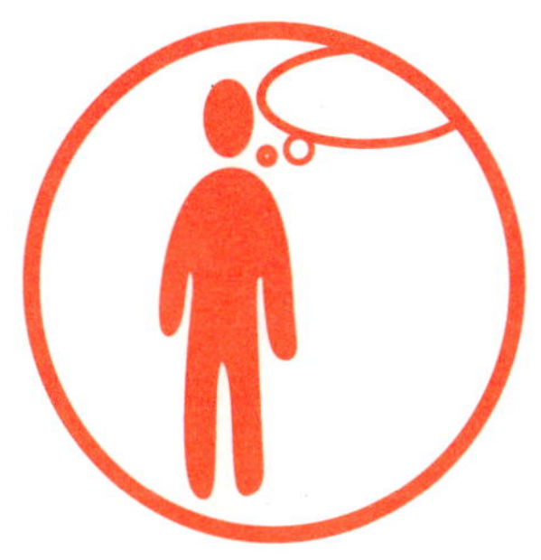

异想天开法

异想天开法是一种发散性思维工具，它能帮助我们深入思考现阶段或是未来的相关需求、目标和困难。无论方法是否可行，我们都可以进行思考。

功能：

我们使用异想天开思维法是为了可以用有创意的方法解决问题，完成挑战、目标和期望。这就意味着，愿景思维能够帮助我们在深入探究议题之前就发现可行的方法。

比如，当一个公司正在思考未来将要推出哪些新产品、新服务，以及开辟哪些市场等这些战略计划时，就会运用到这种思维工具。再比如，当我在思考我和我的家人会在来年继续做哪些事，或者尝试哪些新事物时，愿景思维就可以发挥作用。

流程模型中的对应环节：

创意解难：构想未来。

设计思维：在流程开始之前。

系统创意思维：规划未来。

使用方法：

1. 汇总一长串的愿景、目标、困难和挑战，接着把“我希望……”“如果能够……就好了”“……难道不好吗？”用作每句话的开头。

2. 为了把思维调动起来并且确立未来的目标，你可以使用下面列出的针对各类议题的指导问题。再强调一次，每个答案都要使用上述建议的三个句子作为开头。你不必回答下列每个问题。这些问题提出的目的是为了激发你的灵感。

个人问题：

1. 你觉得最近的哪些事可以被做得更好？

2. 你最近一直在思考哪些问题和挑战？

3. 你想有能力把什么做得更好、控制得更好、完成得更好？

4. 你最近总会想到哪些人？

5. 为什么这些人总会占据你的大脑？

6. 你想实现哪些目标？

7. 回顾你的生活，你曾经有哪些机会可以把握？

8. 假如你有能力实现人生中各个方面的愿望，你的这些希望和梦想是什么样的？

专业领域：现在

1. 现在有没有一些看似不起眼的问题在未来会变成大问题？

2. 为了提升品质，还可以做些什么？

3. 有没有什么目标一直都没有被实现？

4. 在现有的客户中，是否存在改进新产品和服务的机会？

专业领域：未来

1. 在未来的1—3年，你能看到哪些改变、问题、挑战和发展的机会？

2. 有没有什么可以帮助你把未来的工作变得更轻松？

3. 对于未来的客户，什么将会成为最大的挑战？

4. 为了让你或者你的公司成为革新的先锋，你必须做些什么？

使用建议：

1. 可以使用OMIPC筛选标准（见第72页）进行聚合性思维。

2. 使用一个聚合性思维工具，比如，使用成功区（见第83页）这一思维工具来帮助你筛选最有价值的内容。

示例：

下列的例子可以帮助我们快速地得知如何构想议题，其中的一些是在我们的研习班和培训中出现的真实议题。

1. 如果我们能够缩短运送零配件到授权经销商那里的时间就好了。

2. 如果我们可以不超出运营成本就好了。

3. 如果我们拥有一个无噪音屋顶系统就好了。

4. 如果所有参与 ×× 项目的部门都可以相互协作就好了。

5. 如果我们可以用简单明了的方式给与会者解释我们的复杂体系就太好了。

6. 如果我们能够让更多人关注我们的议题就好了。

7. 如果我们有一个能够确保功能状态良好的新法则就好了。

8. 如果我们的公司内部有一个有效的知识管理体系就好了。

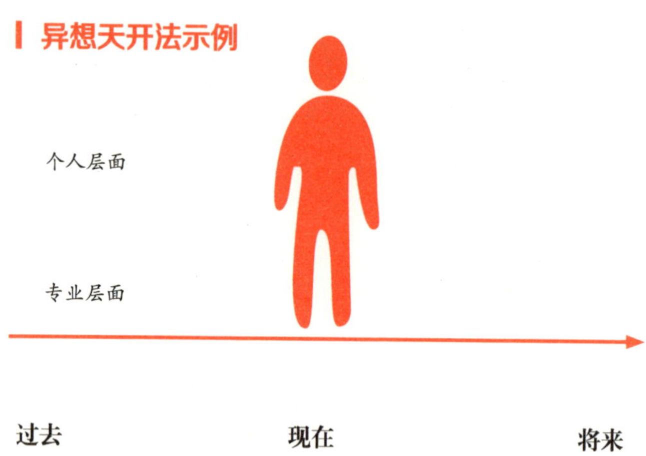

OMIPC 筛选标准

OMIPC 筛选标准能够帮助我们挑选出一系列最具价值的议题（困难、目标和挑战），并且可以确保我们研究的议题在现实中具有可操作性。

功能：

我们罗列出了标准，并附上了可能的议题，这些议题可以通过愿景思维来创造。

流程模型中的对应环节：

创意解难：构想未来。

设计思维：在流程开始之前。

系统创意思维：规划未来。

使用方法：

首先，仔细描述你想要思考的议题，以便去获得进一步的细节，使用 OMIPC 筛选标准可以帮助我们挖掘更多细节。在这个过程中，你要根据每个标准逐个检查你列表中的所有议题，并且要注意你的观点分别对应着哪一条标准。

筛选标准：

1. 所有权

你或者你的团队在这个议题上是否有部分的影响力？这意味着你是否可以做出决策？如果你已经找到了解决方案，是否可以开始行动还是只要转交给下级去做就可以？

2. 动力

你能否感觉到来自这个议题的热情和动力，并且这些力量真的有推动力，让你产生巨大的进步？动力是创意的核心驱动力。如果一个议题本身缺乏吸引力，那么就很难在其中运用创意。当

我们缺乏动力时，就算你能够想出解决方案，你也不会把它付诸实践。

3. 想象力

这个议题是否需要调动想象力、创意，以及新颖的想法去推动？如果你想要灵活地调配各种创意方法去解决问题，那么就要特别重视这一点。这并不是否认那些不需要运用想象力的议题的价值，然而，对于这些议题来说，你不必浪费任何时间在创意上，只要开始实施方案就可以。

除了这三个主要的标准以外，还有两个标准也行之有效。它们可以帮助你判断是否有机会在公司中实施你的方案。

4. 激情

激情是最高级的动力。在你的列表中，很可能有一些议题能够驱动你，但是那些真的能够让你激动不已的议题恐怕为数不多。是否有激情可以作为挑选这些议题的标准，因为在创新的过程中，我们需要许多勇气、忍耐与韧性，这不仅仅是为了产生想法，更是为了能够实现这些想法。当你真的因某个议题热血沸腾的时候，那么它变成现实的可能性就会越大，因为你在创新的路上不会失去力量之源。

5. 拥护

议题的背后是否有足够的驱动力？对于那些迫切需要寻找解决方案的公司来说，这个问题尤其重要。这个问题足以让我们明确，早在开始寻找解决方法之前，就要做好在方法确立以后立即实施的准备。

如果一个议题想要成为创意流程中值得讨论的问题，那么它至少要符合OMI [ownership（所有权）、motivation（动力）和imagination（想象力）]。而PC [passion（激情）和champion（拥护）] 可以帮助你在列表中进一步挑选出重点项。

使用建议：

除了这些标准以外，还会有另一个附加条件列表，其中有一些可能会调动你的逻辑思考力。成功区这个思维工具会提供更多的案例。

OMIPC 筛选标准示例

如果我们可以扩大我们产品的认可度就好了。

这个项目需要我们有创意地去完成。

如果我们可以加快生产过程就好了。

这个项目可以列入考虑范围内。因为没有哪位冠军得主会表现出想要在这方面落后的意思，尽管最终这个事项往往会因为日常事务的压力而被遗忘。因此，提前确立这个项目的执行人至关重要。

如果我们今年可以去热带国家度假一周就好了。

这个项目不需要任何创意流程。它很重要，只要去做就好了。

如果我可以改变税收系统就好了。

这个项目显然需要创意。然而，这是一个很大的事项，但我们中的大多数人因为能力有限而无法带来改变。

未来的新闻报道

未来的新闻报道这个练习是指，在未来目标已经达成或者问题已经得到解决的情境下，虚构一篇来自主流媒体的新闻报道。

功能：

这个练习的目的是为了构想未来的理想情境，并且把这些想法尽可能地变得具体、生动。这个思维工具可以帮助个人或组织形成一个共同的愿景和清晰的目标。这个练习尤其适用于大型项目或者创建初期的公司。

流程模型中的对应环节：

创意解难：构想未来。

设计思维：在流程开始之前。

系统创意思维：规划未来。

使用方法：

1. 立足现在，想象五年后的情况。假设你是一个来自权威杂志的记者。

2. 给这份杂志写一篇稿件，最多一页的篇幅，描述一下你们如何解决问题或者如何实现目标的。写的时候要注意，既要考虑开始时的情况，也要预测几年后的结果。

3. 在写的时候，你要不断增加细节，并且解释这当中究竟发生了什么、问题如何得到了解决。你也可以写写目标是如何实现的，并且不同个体对此做出了哪些贡献。在这一步中，不要限制你的想象力。

4. 尝试着从顾客或者其他局外人的角度出发，引用他们的观点和反馈来评价结果。

5. 插入图片，把文章变成真正的杂志稿。

6. 当你完成写作时，通读全文，感受一下这篇文章是否让你对即将开始的工作充满动力和激情。

使用建议：

1. 你可以根据你的需要，随时修改这篇文章。

2. 对团队（一个项目组或者一个创始人小组）来说，有必要让每个人都独立写一篇文章，然后对比其中的方案。接着大家要齐心协力，一起撰写一篇文章。

示例：

下面的一篇文章是2009年和美国合伙人在构思项目时共同写的。

在过去的两年间，有超过一万人开启了自己的事业，并且开始尝试使用明确、具体的方案去执行自己的商业构想。如今，有超过80%的新公司取得了成功，并且获利颇丰。所有这些公司的创办者都使用了“经营理念催化剂”这个来自Facebook（脸书）同名社区的方法。这个社区以及“经营理念催化剂”的概念都是来源于两名毕业于国际创意研究中心的创业者，他们就是Stavros（斯塔夫罗斯）和Florian（傅利安）。

在此之前，他们两人都有创立公司的经验，并且都致力于帮助人们运用系统创意思维模型解决问题。无论是在未找到

解决方案的情况下，还是需要新思路的情境下，系统创意思维模型都可以发挥作用。其中的一个难题就是找到既可行又新颖的商业思路。

“在思考新商机的时候，很多人会忽略商业思路本身，或者把它当成是理所当然的，反而担心技术层面和财务层面的实施情况。然而，我们认为投入更多时间去创立一个全面的、新颖的商业思路，要比技术层面的实施更为重要。”Florian 解释道，“通过为顾客创造新价值，我们甚至可以为一个早已为人们所熟知的产品开辟新市场。”

难道每个案例都各不相同吗？一个自动化的流程如何帮助人们创造新颖的经营理念？“很显然，每个案例都独一无二。但是，在思考商业思路并且把它们变成可行方案的理念背后，有着相似且总是极具创意的过程。因此，我们的流程模型适用于众多创业者，无论他们对未来只是有一个模糊的想法，还是已经有了确切的思路。”Stavros 继续说道，“接下来的问题就是，人们目前正处于流程的哪个阶段。”

解答问题及具体行事步骤。

这个神奇的系统是如何运作的？Florian 和 Stavros 就“如何确立经营理念？”这一议题，从众多专家那里收集了问题和建议。他们根据这些资料整理出了一个“七步法”，“经营理念催化剂”的受益者们都应该试试这个方法。“七步法”中的每个步骤都有明确的目标和清晰的结果，只要达成目标，用户就可以接着进行下一个步骤。例如，一个打算创立公司的人，可能会毫无头绪，那么他就可以从“经营理念催化剂”中的“规划未来”这一步开始。这一步骤可以让我们对未来有一个清晰的认识。因此，一个潜在的创业者如果知道他未来在哪个领域的哪个方面会有所建树，这时他就可以进入下一个步骤。在每一个步骤中，都会有一系列的思维工具和问题库帮助他分析具体的情况。由于没有现成的方案，所有的工作和思考都要由用户本人来完成。但是我们的“经营理念催化剂”就是为了指导用户进行思考而设计的，这个模型会给用户带来方向感，并且提出有效且重要的问题。

“众人拾柴火焰高”，群体协作的效用。

难道创业者就不需要由其他人来分享他的想法，或者从他人那里获得灵感？“经营理念催化剂”也解决了这个问题，这就是我们在“脸书”上创建社区的原因。在“经营理念催化剂”这个网络社区中，每个项目的所有者都可以邀请其他人加入他们的群组。因此，当一个人正在苦苦思考并且需要帮助时，他就可以邀请对此感兴趣的人，并得到他们的帮助。项目所有者可以完全控制人们交流的内容和时间。

对于“经营理念催化剂”的每一个注册用户来说，他的账户会记录他在帮助其他项目所有者上花费的总时间。他可以使用已付出的时间和其他人进行交换，以在需要的时候获得别人的帮助。对于“经营理念催化剂”自身来说，为来自不同背景却志同道合的你们创建一个社区就是在做一件激动人心的事。

未来的新闻报道示例

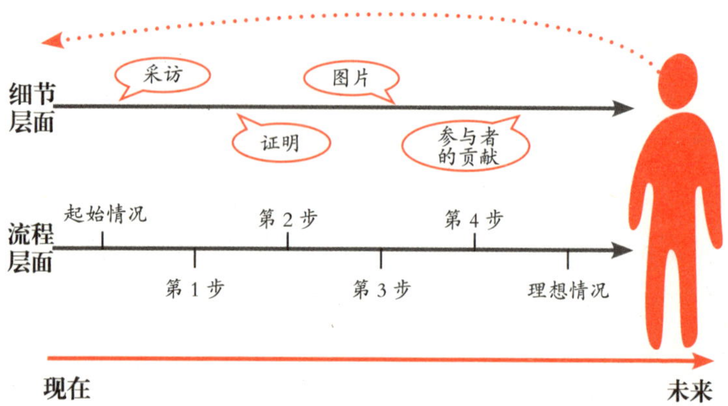

故事脚本法

故事脚本法是一个视觉思维工具，它可以帮助我们使用生动的图像去描述目标。这一工具同样考虑到了通向目标的路径，以及过程中可能遇到的绊脚石。在其他领域，故事脚本这个方法已经被使用了很长时间，我们用它来说故事，也可以用它来巩固目标。

功能：

故事脚本法就是未来的新闻报道在视觉上的对应。当我们已经确立了目标，明确了挑战或难题后，准备开始思考一个更明确的想法时，我们就可以使用这个方法了。当我们在思考后续行动的最初步骤时，这也是一个很好的工具。

流程模型中的对应环节：

创意解难：构想未来。

设计思维：在流程开始之前。

系统创意思维：规划未来。

使用方法：

1. 在一张纸上画 6—8 个和名片大小相仿的空格，或者拿出空白纸。

2. 格子的数量不能少于 6 个，这样能够激发你想出一些东西。同时也不能多于 8 个，因为我们不打算想出所有解决难题的细节。

3. 在第一个格子中画下现状，就是初始阶段的情况。

4. 在最后一个格子中，写下未来的某个时间点——那时你已经获得了理想的方案。

5. 现在要在剩下的格子里依次把中间的步骤补充完整。

6. 慢慢享受丰富画面的过程，把这些变得更真实。

使用建议：

1. 我们可以把故事脚本法和未来的新闻报道这两种思维工具结合起来使用。

2. 这种思维工具并不要求你具有非常好的绘画水平。对于擅长逻辑分析和理性思考的人来说，使用这种方法尤其激动人心，因为它会带领他们使用愿景思维来思考问题。

3. 要抓住每幅画的核心，不必画得很复杂。

4. 如果你不太擅长画画，可以使用一些其他的工具（乐高、黏土等）把你的愿景和过程具体化。

5. 在创意流程中，你可以反复使用一些位于起点和目标之间的图片。这样一来，你就会开始钻研不同的议题。

示例：

如何在维持现在的生活标准的情况下，减少支出以省下更多的钱？

起始状态：我的经济情况刚好可以满足我想要的生活，但是，我无法攒下钱来。

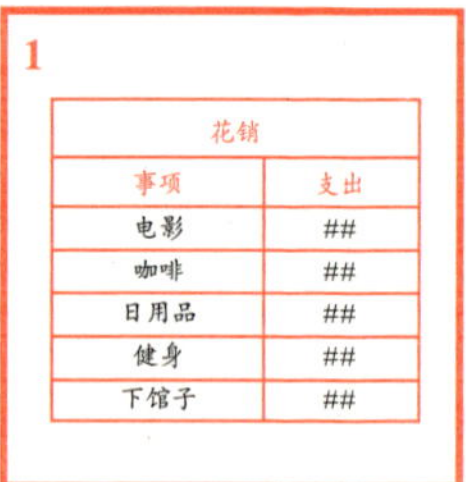

1

花销	
事项	支出
电影	##
咖啡	##
日用品	##
健身	##
下馆子	##

第一步：列出花销，并计算每个项目的支出。

2

花销原因	
事项	原因
电影	看电影
咖啡	与朋友见面
日用品	有机物很重要
健身	想身材好点
下馆子	食物太美味

第二步：对支出进行评估。思考这些支出行为的动机，以及它们对自己的重要性。

第三步：寻找替代方案。思考如何在减少花费的同时满足自己的需求。思考有哪些可替代的方案，并且真的认同这些方案。

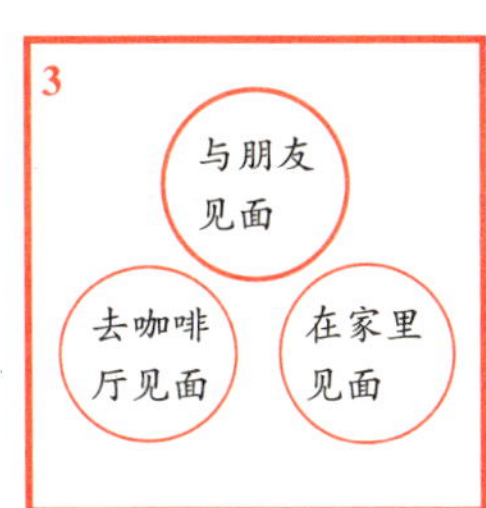

第四步：如果你觉得寻找替代方案很困难，那么你可以上网搜索。可以使用一些网络优惠，比如，优惠券或者团购。

理想状态：在保持自己的生活方式不变的同时，我可以攒下钱来。

成功区

成功区可以帮助我们确定愿景、目标，以及挑战的先后顺序，并且为我们提供一个后续的创意处理方案。它来源于和 OMIPC 筛选标准类似的方法。

功能：

当我们面对众多选择，且必须做出一个慎重的决定时，成功区可以帮助我们做出最佳选择，从而让我们更好地优化配置资源。

流程模型中的对应环节：

创意解难：构想未来。

设计思维：在流程开始之前。

系统创意思维：规划未来。

使用方法：

1. 画一个 3×3 的九宫格，在横纵两条坐标上分别写上“重要程度”和“成功概率”。第 85 页插图中的信息只是为了说明，当你自己在制作这个模型的时候不必完全按照这个模型进行。

2. 现在你可以拿出罗列出来的选项，从第一个选项开始，预判这个议题的重要性。对此，你可以使用一个“三档标尺”（高—中—低）来评估。如果你在团队中使用成功区的方法，在组内一定要达成一致。

3. 接着，你要按照成功概率来预判所有的选项，同样也按照“三档标尺”来判断。

4. 现在可以把项目填入对应的九宫格中。

5. 不断重复上述做法，直到评估完所有的选项。

使用建议：

第一排中的所有选项都值得优先考虑。你可以使用其他的评价标准，比如，带来的影响、操作的可行性等。

示例：

在 creaffective 公司，我们有如下一些议题需要进行筛选。

1. 如果我们可以出版一本关于我们的思考方法的书就好了。

2. 如果我们可以更新我们的网站就太棒了。

3. 如果我们可以在印度开设一家分公司就好了。

4. 如果我们可以开发一款能帮助公司提高创新能力的软件就好了。

成功区模型示例

重要程度 \ 成功概率	低	中	高
高	有创意的挑战	延伸目标	前景看好的机遇
中	费力	灰色地带	唾手可得
低	浪费时间	不值得	分散注意力

DRIVE

DRIVE 是 do（执行）、restrictions（阻碍）、investment（投入）、values（价值）和 essential outcomes（关键结果）的首字母大写组合。这一思维工具可以帮助我们判断和确定成功的标准。

功能：

在我们寻找创意解决方案之前，可以使用 DRIVE 这个方法，来提前确定最终的成功标准。确定出来的标准可以作为重要的指导原则，来帮助我们检验前景方向是否正确。通常，在我们取得成功之前，很有必要知道真正的成功是什么样的。

流程模型中的对应环节：

创意解难：构想未来。

设计思维：在流程开始之前。

系统创意思维：规划未来。

标准的含义：

1. 执行

最终的解决方案需要执行的内容和达到的目的。

2. 阻碍

有哪些变化或者结果是需要避免的？

3. 投入

你能够投入什么（时间、金钱或者其他资源）？

4. 价值

在寻找解决方案的过程中，必须考虑哪些价值？哪些价值不能被忽视？又有哪些价值必须在寻找的过程中被坚持到底？

5. 关键结果

我们必须达到哪些可量化的指标？比如，数据、事实等。成功的必备标准是什么？

使用方法：

1. 制作一个表格，横向列出 DRIVE 中所包含的 5 个项目。

2. 在每一个项目下面列出评价标准，能想出多少个就列多少个。在做的时候，不要担心可能出现重复或是相似的名称。

3. 现在可以使用聚合性思维来删除列出的评价标准，直到每个项目下面剩余 2—3 个关键的标准。现在你可能会发现，“关键结果”这一项下面列出的内容可能需要调整，因为它们是一切标准的基础。

4. 现在你可以把这张完整的表格作为参考标准来评判成果，或者判断创意过程中的阶段性方向。

使用建议：

1. 列出的标准可以既考虑到数量，也考虑到质量。

2. 没有发现拥有完美标准的明确方法，是因为要根据具体的情况和团队进行分析。

3. 如果你在一个团队中使用 DRIVE 评价方法，那么在使用聚合性思维时，每个人都应该可以挑选自己认为重要的标准。

4. 标准的总数量应该控制在 10 个以内，这样就不会把评价的过程变得过于复杂。

示例：

下图所展示的是 creaffective 公司的一位客户的最终评价标准。案例中，他们正在研究针对中国市场推出的一种特殊冲击钻。

DRIVE 示例

执行	阻碍	投入	价值	关键结果
平衡工效	不要和现存的产品雷同	两年半的研发时间	必须体现品牌价值	定价要合理
产品耐用维护简单				产品要耐用
				必须适用于不同直径（8—18 毫米）的钻口

二、诊断思维

诊断思维是指认真地分析形势，描述一个问题的本质，并且决定下个阶段的走向。

诊断思维由两个方面构成：一是精确的检验以及对现阶段议题和数据的详细描述；二是推敲思考的过程。这就意味着要分析目前我们在创意解难模型中的位置，后面还有哪些步骤要走，创意解难模型是否适用。

在使用诊断思维的最开始，我们需要详细地收集所有数据、事实，以及能够描述现状的开放式问题。

在收集完所有的数据之后，我们应该着手分析下一步该做些什么。这决定着我们是否需要收集更多的数据还是可以进入创意流程中的下一步。需要记住的是，这里的创意流程并不是一成不变的，因此不必完全按照之前确定下来的方案走。有时我们要进行方案的筛选，那么对它们进行检验就是理所当然的。在这种情况下，就不需要产生新的想法。有的想法明白易懂，那么实践这些想法就会比较容易。如果是这样，就不必仔细地研究这些想法，还可以节省时间。诊断思维会考虑到上述所有情况。

诊断思维示例

5个W和1个H

5个W和1个H这种发散性思维工具能够帮助你获得与议题相关的数据概况，我们可以使用这种方法获得有关议题的背景信息，这样我们就可以明确议题的界限，并且推导出关键性问题。

功能：

一旦你明确了目标和需要解决的难题，就可以开始使用5

个 W 和 1 个 H 这个思维工具。

流程模型中的对应环节：

创意解难：评估形势。

设计思维：理解问题。

系统创意思维：思考形势。

使用方法：

针对你的情况使用下面这 6 个问题。写下每个问题的答案，以及它们对应的子分类。如果某个子分类不适用或者没有意义，就忽略它。你要尝试着记录下尽可能多的信息，列出尽可能多的数据和事实。你可以使用下面每个分类中的问题来激发自己的思考，并进一步想出答案。

1. 是谁（Who）

这个议题和哪些人相关？是如何相关的？

谁是决策者？

谁会被形势所影响？如何被影响？

2. 是什么（What）

对于这个议题你了解多少？

有没有什么是你不了解但是想要了解的？

这个形势的前因后果是什么样的？

为了解决这个问题，你已经尝试了哪些方法？

如果问题得到解决，理想的结果会是什么样的？

你会怀疑你做出的哪些假设？

3. 何时（When）

这个问题是什么时候开始的?

你想在什么时候解决它?

你想在什么时候看到结果?

4. 何地（Where）

这个问题是在哪里被发现的?

描述与这个问题相关的主观因素和客观因素。

这个问题曾经在哪里被成功地解决过？是如何解决的?

在哪里曾经出现过类似的情况？在哪些方面是类似的?

5. 为什么（Why）

这个问题为什么重要?

这个问题为何会出现？为什么这个情况会产生问题?

为什么你无法轻松地解决这个问题?

6. 如何做（How）

如何才能让这个问题带来机遇?

当你在思考这个问题时，你有怎样的感觉?

使用建议：

你不必急着回答所有问题，这些问题是帮助你开始进行思考的。下面是一些在创意过程中比较有效的问题，也是我们比较常用的问题。

1. 对于这个议题你了解多少?

2. 有没有什么是你不了解但是想要了解的?

3. 为什么你无法轻松地解决这个问题?

4. 你会怀疑你作出的哪些假设？

5. 对于你列出的问题，给出尽可能多的答案。

6. 记录下所有内容。

7. 当你在回答一个问题时，不要担心现在列出的信息是否有意义和重要，首先要做的是尽可能地把它们都写下来。

8. 在结束信息收集之后，可以使用一个类似于望远镜法（见第230页）的工具去挑选相关且有价值的信息。

5个W和1个H示例

现状图

现状图是一个基于若干个关键评价标准的诊断工具，它能够帮助我们对比当前形势和理想形势。

功能：

我们可以使用这个思维工具帮助我们在未来进一步深化解决方案。基于几个核心评价标准，你能够知道方案的构成以及方案本身还有哪些进步空间。无论是个人还是团队都可以使用这个方法。现状图甚至还可以被运用在竞争商品之间的比较上。

流程模型中的对应环节：

创意解难：评估形势。

设计思维：理解问题。

系统创意思维：思考形势。

使用方法：

1. 想出几个你想放在现状图中的维度，这些维度能够帮助你判断一个解决方案的好坏。

2. 针对每个维度，构想出你想要用来进行评估的价值等级。等级的范围要从“尚未发展”覆盖到“充分发展”的全部范围，但是不要牵涉积极或消极的评价。你也可以设立一个从“不满意的方案”到“理想方案”的价值等级，比如，你可以创造出价值，接着对这些价值等级进行选择，这样现状就不会自动落在最高等级或最低等级上。

3. 为价值等级选择生动易懂的解释。

4. 从现状出发，给每一个维度画一条线。

5. 把每个等级的点连起来，构成一张蜘蛛网似的图。

使用建议：

1. 不必在每个维度上都寻求最佳结果。在一个维度上刻意保持一个方案的缺点，可以帮助我们更好地区分方案和方案之间的不同。

2. 你可以从这些维度所展现的内容中挑选一个你想要着手开始的内容，作为下一步的开始。

现状图示例

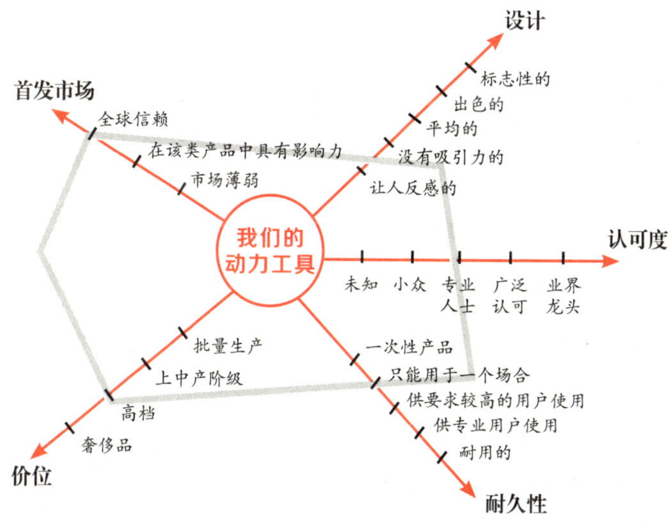

资源分析

资源分析这个发散性的思维工具可以帮助我们大致了解，在解决问题的初始阶段有哪些资源可供使用，从而帮助我们展开构想。同可利用资源中不能被使用的资源相反，资源分析这一方法来源于TRIZ（Theory of Inventive Problem Solving——发明问题解决理论），这是为解决技术性的问题而开发的。然而，它的流程可以在更广泛的领域中得到扩展和理解。

功能：

当你已经明确将要进行的议题时，资源分析这一思维工具可以作为一个中间诊断步骤，从而帮助你展开构想。通过使用这种工具，你常常会发现一些之前没有意识到的“隐藏”资源。这些资源往往来自某个已经存在的副产品，而且可以被有创意地运用。

尤其在大数据和虚拟数据收集产生以来，人们对如何使用这些已经被收集起来的数据进行了大量思考。

流程模型中的对应环节：

创意解难：评估形势。

设计思维：理解问题。

系统创意思维：思考形势。

资源的类型：

在展开构想时，可以把下列分类资源作为收集数据的指南。

1. 时间资源

在进行实际操作之前，你有多少时间资源？

在你完成操作之后，还有多少时间资源？

在操作的过程中，有没有哪些时间资源是仍然可以被利用的？会不会出现停工？会不会有空闲的时间？

有没有特别适合执行、操作的时机？

2. 信息资源

对于相关的领域还有哪些可以获取的信息？

有哪些数据必须要进行收集或者进行分析？

3. 功能性资源

我们的系统有哪些主要功能？它可以用来做什么？（例如，它的功能是储水）

我们的次级系统有哪些功能？（例如，抽取地下水）

我们的系统会产生哪些不好的影响或副作用？我们还可以使用哪些次级系统？（例如，产生热量）

4. 空间资源

在我们的系统和次级系统中有哪些可以使用的空间资源？

有哪些尚未被使用的空间资源？

有没有哪些空间只使用了一部分？（例如，只使用了水平面上的，而没有使用垂直面上的）

哪里会有闲置的空间？

相关的元素是否相互套叠，或者有没有机会可以把这些元素套叠起来？

我们可以在哪里移动一些物品从而获得更多的空间资源？

5. 材料资源

在我们周围有哪些物品、组件、材料是可以为我们使用的？

我们的系统元素中包括哪些材料特性？

我们系统中的哪些元素和周边元素会产生废品、排放废气？

6. 场地资源

我们所使用的系统中包含哪些能源与动力？

我们的系统所处的环境中有哪些能源与动力？

7. 人力资源

我们的系统中有哪些人能够帮助我们？

谁是系统周边的利益相关方？

系统内外还有哪些人力资源？

使用方法：

1. 使用上述的发散性思维方法思考出一个资源清单。

2. 把你所列出的资源当作展开构想的资源。

使用建议：

1. 不必急着回答所有问题。这些问题的作用是帮助你开始进行思考。

2. 不需要完美无缺的列表。列表的内容可以给你提供建议，帮助你发现可能的方案。

3. 要跳出问题的字面意思进行思考，这样就有发现额外资源的可能。

资源分析示例

时间资源

信息资源

功能性资源

空间资源

材料资源

场地资源

人力资源

观察方式

这些方式是进行用户观察的框架和基本方法。进行用户观察的方式可以是简单的观察，比如，进行用户采访，也可以是其他的互动形式。

功能：

当我们已经锁定了目标用户或客户之后，我们可以使用观察方式来观察他们在使用某一产品或服务时的情况。在不同的情境下，观察方式都可以作为各类观察方法的基准。

你不应该告知被观察对象你所观察的问题，因为一些观察方法不需要和观察对象产生直接的联系就可以使用。

流程模型中的对应环节：

创意解难：评估形势。

设计思维：观察。

系统创意思维：思考形势。

可取的观察方法：

1. 纯粹的观察

这种方法不需要和用户之间产生任何互动。你只要观察发生了什么就可以，例如，人们如何熟悉火车站的环境。

2. 在观察中采访

使用这种方法时，需要就观察到的内容提出问题，例如，在家庭中，如何对需要清洗的衣物进行分类。

3. 纯粹的采访

进行一个真实的采访也是一种可行的方法。就算没有进行任何观察，但是你可以获得更多关于用户的动机和行为原因的信息。

4. 问原因

通过在采访中提问非常具体的问题的方式，来获知根本的动机和原因。

5. “墙壁上的苍蝇”

使用这种方法时，你尝试着不让用户感觉到自己正在被观察，你的出现不能影响到用户的任何行为。

6. 自我融入

这种方法需要你自己使用这个产品或者体验这种服务，这样你可以站在用户的角度，明白他们对产品或服务的印象或感受。

7. 专家访谈

尽管专家通常并不是用户，但他们可以提供有价值的背景信息，从而帮助你理解情况。专家们还可以为你给用户制订的问题提供建议。

8. 图片日志

在使用这种方法时，你可以让用户在特定的情境下拍下照片，并写下一些评论。这是一个既有意思又有用的方法。因为它可以帮助你在一段较长的时间内，获得更多的信息，比如，你可以让参与智能手机试用的用户，在手机最让他们烦心的时候进行屏幕截图。

使用方法：

1. 在你确定自己的观察方法时，一定要记住自己观察的特定用户群体。如果你想观察的是人数众多、各具个性的群组，那么你就需要制订不同的观察方法。

2. 首先，列出你观察的目标，这个要独立于你所使用的观察方法，例如，目标——理解衣物分类的过程，并做出决策。

3. 接着要思考，为了达成观察目标，可以使用哪些观察方法和提出哪些问题。

4. 对于需要在提出问题的基础上才能确立的观察方法，使用头脑风暴法想出可能的问题。在理想的情况下，这些问题应该被罗列下来，这样就可以引起大家的讨论，注意不要使用那些只能回答“是”或“否”的封闭式问题。挑选最重要的问题，把这些问题放入一个能够为目标服务的逻辑框架中。

使用建议：

1. 从现有的问题出发，这样你就会获得一个大致的思考框架。与此同时，如果在讨论过程中有需要，要灵活对待问题的顺序，做好调整的准备。

2. 如果你对用户调查没有太多的经验，那么准备一些介绍性的内容可能会对你有所帮助。这些内容应该包括背景信息，比如，受访者的姓名。此外，还要对受访者在调查项目中将要做些什么进行简单的描述。这样一来，进行采访的人就会感到更加自信，并且更容易打破僵局。

语义分析

语义分析是一种可以帮助我们在团队或研讨会中迅速理解任务，以及发现知识上所欠缺的东西的简易工具。

功能：

我们在创意流程的开端使用这种方法来把任务解释清楚。当一个新项目的团队刚刚组建起来的时候，大家往往对议题还没有达成共识，那么就可以使用语义分析工具去避免未来出现

观察方式示例

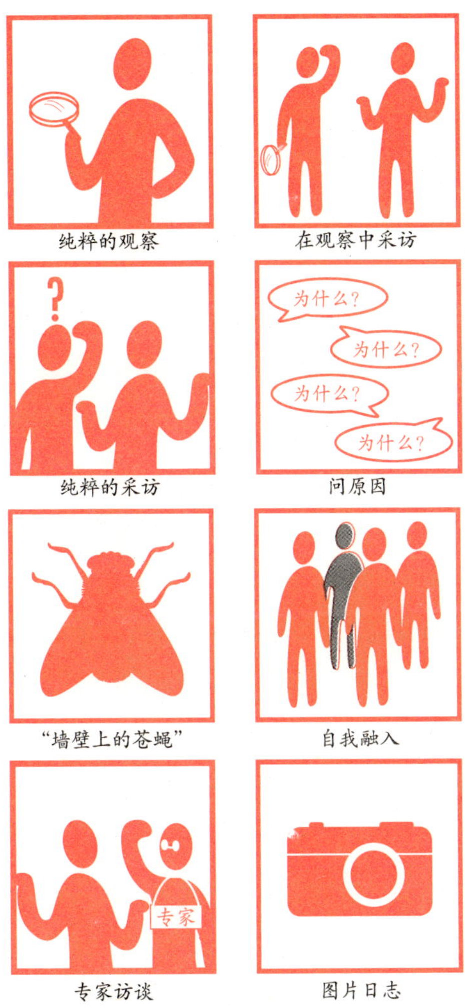

纯粹的观察　在观察中采访
纯粹的采访　问原因
“墙壁上的苍蝇”　自我融入
专家访谈　图片日志

困惑与分歧。使用这一思维工具的先决条件是，对任务有成文的定义或者对项目的目标有完整的描述。日后，这些分析将成为采访客户以及其他利益相关方的重要基础。

流程模型中的对应环节：

创意解难：评估形势。

设计思维：理解问题。

系统创意思维：思考形势。

使用方法：

1. 对所有的任务进行描述，并且把它们分类为独立的小任务，在描述的重要部分和项目下面画线。

2. 仔细研读这些独立的部分和项目，并且尝试以团队为单位回答下列问题：我们怎样理解这一项？它的构成背后存在着哪些期待？有哪些任务下的某个部分是我们真的想要知道的？

3. 给所有的问题写下答案。如果在某些具体事项上出现了意见不一致的情况，可以在团队中进行一个简单的讨论来澄清议题。如果无法协调，要把这一点标注出来。

使用建议：

1. 如果已经进行了客户采访，那么再进行语义分析就不一定有意义了。

2. 使用语义分析的主要目的是巩固团队成员对议题的共同认识，并且磨合团队成员之间在这个议题上的知识差异。因此，在使用这个工具的时候，不必引入任何新的知识。从项目本身出发，团队的观点不是最重要的，来自客户或利益相关方、顾客或用户的观点是最为重要的，不过，团队也可以进行适当的假设，这些假设应该被记录或标注下来。

3. 后续可以采用的一个思维工具是5个W和1个H，这个工具可以为我们提供采访客户和其他利益相关方的基本内容。同时，它也可以帮助我们构建一个顾客—用户—利益相关方图谱（见第105页），这样我们就可以大致了解所有的利益相关方和用户。

示例：

如果可以创造出一个能够被城市上班族们每天使用的产品就好了。

顾客—用户—利益相关方图谱

顾客—用户—利益相关方图谱（CUS图谱）是一个发散性思维工具，旨在帮助我们了解某一特定主题范围下的所有参与者概况。这里的特定主题范围是指产品和服务、流程和物流、商业模式，乃至整个公司运作中的任意一块内容。通过使用图谱，我们可以用图像呈现出主题范围下各种利益相关方的行为，以及他们的相互关系。

功能：

这种思维工具主要用于明确创意的流程。在一个项目中，它可以帮助我们在能够对不同的人群进行观察或展开对话之前，就大致了解他们的情况。

CUS 图谱的大小和复杂度各不相同。你可以迅速地在一张纸上画出这张图谱，也可以在研讨会上把它画在一张牛皮纸上，并且不断添加细节，你也可以制作一个电子版本。

流程模型中的对应环节：

创意解难：评估形势。

设计思维：理解问题。

系统创意思维：思考形势。

使用方法：

1. 列出与项目或话题相关的所有人或群体，这里面可能包括内部和外部的利益相关方、顾客、供应商、合作对象、终端用户。

2. 理清这些个人或群体和议题以及彼此之间的联系。有助于理清联系的问题：在这个主题下，这个群体有哪些利益可以获得？这个群体可以利用这个主题范围下的哪些东西？这个群体期待或希望从别的群体中得到些什么？

3. 把不同的群体按照逻辑关系排列，用图像呈现出所有的联系。通过使用箭头或者其他类似的关联符号，你可以清晰地呈现出所有群体不同的兴趣、需求、既得的利益和其他的关系等内容。

使用建议：

1. 当你在罗列所有可能的群体时，可以使用便利贴使呈现的过程更轻松些。因为你可以轻松地移动这些便利贴，直到你完成整个过程。

2. 尽管在排列这些群体时，会使用到一些聚合性思维的元素，但是从本质上说，这个工具仍然是一个发散性思维工具。这张图谱的功能是，帮助你明确接下来可以或者应该在哪里开始收集相关信息，而这些收集来的信息反过来会帮助我们构想解决方案。

3. 在接下来的步骤中（调查接受度），你可以把这个思维工具作为思考结果的基础，并且可以在已确立方案的前提下，运用利益相关方分析（见第 214 页）这一思维工具来理解或调整利益相关方在图谱中的位置。

CUS 图谱示例

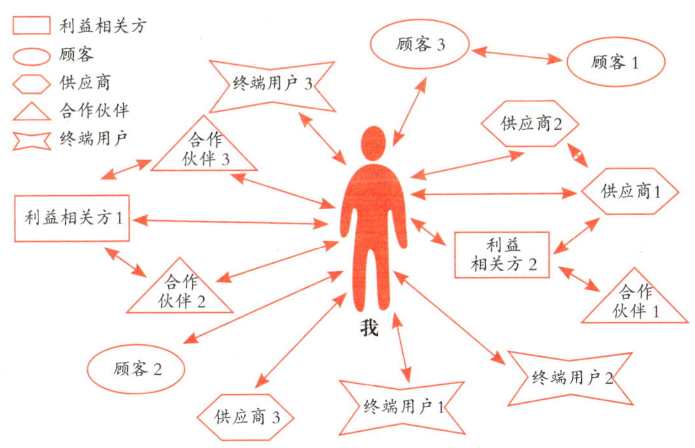

讲故事

当完成了用户观察这一环节之后，就可以使用讲故事这个思维工具。这个方法可以帮助团队理解相对独立的用户观察，并在内容的理解上达成共识。

功能：

在完成了一系列很可能是由不同团队的不同人员进行的用户观察后，我们可以使用讲故事的方法。在所有的观察和采访结束之后，团队成员可以分享他们手中的原始采访记录和观察结果。

流程模型中的对应环节：

创意解难：评估形势。

设计思维：观察。

系统创意思维：思考形势。

使用方法：

1. 准备观察过程中用的所有记录和图片。

2. 接着，独立的观察者要一个接一个地展示他们的观察情况，以及展示所有的原始记录和图片。团队中需要有一名成员负责把这些来自不同观察者的观点记录在便利贴上，并且根据不同的观察情况对它们进行分类。

3. 与此同时，要对观察情况进行解释，下列问题可以有效地指导讲故事的流程：发现了什么？有没有特别出乎意料的内容？有没有相互矛盾的信息？

使用建议：

在讲故事的过程中，不要在最开始就过滤掉任何信息，或者只呈现重要的信息，应该试着解释所有获得的原始信息。最后，在小组内筛选和呈现核心信息的细节内容。

讲故事示例

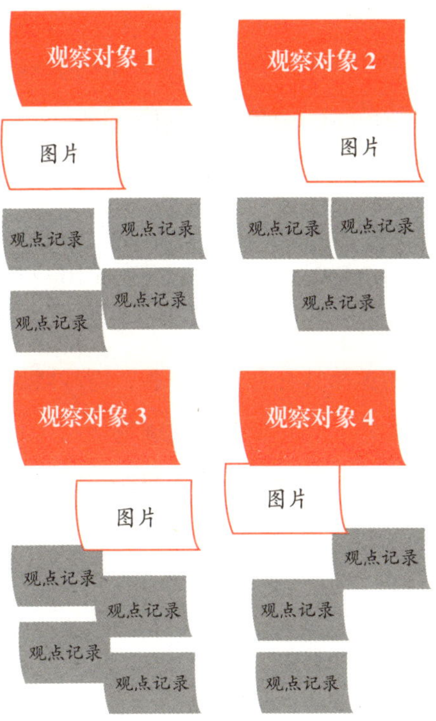

三、战略思维

战略思维是指为已确立的解决方案明确核心主题和方向，以实现预期的结果或目标的一种思维工具。

与愿景思维相似，战略思维旨在未来。但是，它比愿景思维更具体。在使用愿景思维时，我们只是构想出一个美好的目标，然而在使用战略思维时，我们要确定出一条从现在到未来的清晰路径。

通向目标的道路往往会有许多条，而战略思维会帮助你思考出更多的可能性，并且帮助你明确哪条路才是最佳路径。因此，战略思维关注的是对问题和机遇的判断与分析，从而帮助我们缩短现状和理想之间的距离。

战略思维示例

可视化框架

可视化框架可以生动地呈现核心问题，以及使得这些问题相互关联的大环境。我们可以使用可视化框架清晰地呈现出某一情境下的复杂关联。

可视化框架呈现出的结果可以成为我们思考解决问题步骤的出发点，并且这一框架还可以把这些步骤变得清晰易懂。

功能：

通常，我们可以在使用问题触发器（见第 117 页）或者思维网络（见第 120 页）等工具之前使用可视化框架。它可以帮助我们把具体情境清晰、生动地呈现和描述出来，这样核心问题就很容易显现出来。在这个过程中，首先你要通过诊断思维得出核心结论，然后在此基础上使用可视化框架把内容呈现出来。

流程模型中的对应环节：

创意解难：明确挑战。

设计思维：思考角度。

系统创意思维：预估挑战。

使用方法：

使用这个方案的理想情况是有一个 3 人或 4 人的小组。

1. 小组中的每个成员把分析情况获得的核心数据，用直观的方式呈现出来，可使用示意图或者其他形式的视觉图像。这一步是初稿。

2. 每个成员都要向大家展示自己的版本，并且解释内容。

3. 在每个人都结束了展示之后，你要从中挑选出最有意思的内容，并且把它们一起呈现出来。这样一来，你就可以比较容易地获得一个令所有组员满意的综合版本。

使用建议：

1. 本书中介绍的现状图思维工具是可视化框架的一个例子。

2. 我们可以使用时间线或者暗喻来呈现情境中出现的时间顺序。

3. 在使用完视觉模型之后，你可以用类似于问题触发器或者思维网络等开放式问题工具来理清难点所在。然后，你可以在接下来的步骤中思考解决方案。

可视化框架示例

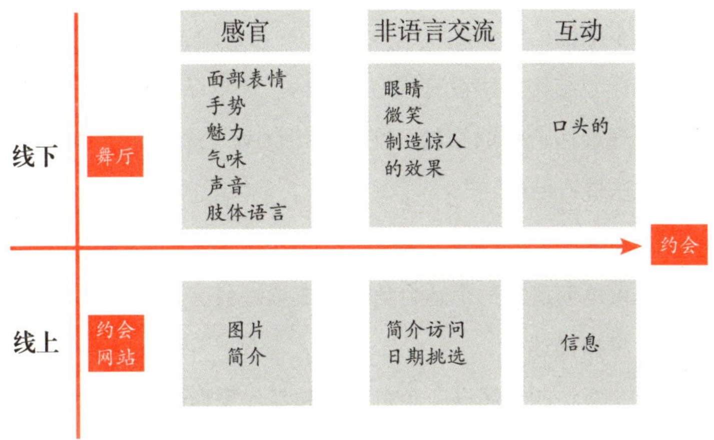

角色模型

角色模型是指对一组有着相似性格或者处于相似情境中的人物进行的虚拟刻画。当我们致力于进行以用户为中心的创新时，角色模型可以帮助我们明确主要方向。

功能：

角色模型和讲故事这个方法类似，都致力于组建和处理在用户观察中获得的信息。

流程模型中的对应环节：

创意解难：明确挑战。

设计思维：思考角度。

系统创意思维：预估挑战。

基本结构：

在模型结构中，没有固定的结构。你可以不断地进行尝试，直到发现最适合你的结构。在 creaffective 公司，我们喜欢按照下列方法进行操作。

1. 姓名

你可以创造出一个适合角色的虚拟姓名。

2. 梗概描述

用一两句话描述这个角色模型和其他模型的主要差异。

3. 引述

这一内容可以来自真实的观察，也可以是虚构的内容，但是必须符合对应的角色设定。

4. 基本信息

罗列出诸如年龄、性别、婚姻状况、居住地、职业等基本信息。

5. 目标和需求

角色设定下的人物想通过使用产品或服务实现什么？有哪些需求是重要的？这一部分的内容可以是以情感、功能和社会为导向的。

6. 行为模式

这一角色有哪些可被观察到的行为模式，尤其是和使用产品或服务相关的部分。

使用方法：

使用观察后挑选整理的信息来填写角色模型图，并且使用类似于讲故事中的流程把这些信息罗列出来。

1. 给所有类别的角色模型找到概括性的标语。

2. 逐一说明每个类别下的具体内容，直到能够描述出一幅生动、真实的角色模型图。

示例：

本书的一位读者：创新经理

姓名：迈克尔

梗概描述：迈克尔就职于一家中型公司，他是该公司两名创新经理中的一位。

引述："加强创新文化是我们公司的重要使命。"

基本信息：迈克尔年近四十岁，两年前加入创新管理团队。在此之前，他在这家公司的产品研发部门就职多年，对这家公司非常了解。

目标和需求：迈克尔想要说服公司的其他成员使用创新系统流程，并且会在实际操作中对他们进行帮助。迈克尔想要通过他的工作展现出准确、可量化的结果来证明创新管理的重要性。

行为模式：迈克尔会全面地学习本书，来寻找可以运用到工作中的方法，并且把这些方法和他以前的积累进行结合。

观点陈述

观点陈述这一方法是指通过一句话总结角色模型的核心需求和观点。观点陈述也是构建问题的基础，可以为头脑风暴法服务，可以结合问题触发器（见第117页）这一思维工具进行使用。

流程模型中的对应环节：

创意解难：明确挑战。

设计思维：思考角度。

系统创意思维：预估挑战。

基本结构：

观点陈述模型的结构非常简单，它可以用以下这句话总结：人物或角色的命名是在寻找一个使用用户需求的机会，因为（可以改用“但是”“令人出乎意料的是”等词）核心观点。（读者可根据下划线内容的提示，按设想或实际情况填写）

使用方法：

基于通过观察或筛选，以及从角色模型图中获得的信息，我们按照上面的结构组成一句话。

示例：

对角色模型的观点陈述：迈克尔，创新经理（见第115页）。

为了实现创新，创新经理迈克尔在寻找一个把创新系统流程介绍给公司员工的机会。与此同时，他也想为此呈现出一个可量化的结果。

问题触发器

问题触发器是一种发散性思维工具，它是一个致力于积极地解决难题的思维工具。通过使用这个工具，我们可以把对难题的陈述变为开放式的问题，例如，“这个过程太复杂了”可以被转变为“我们如何简化这个流程”。这样一来，我们的大脑开始转向解决问题的思维模式，这样就更有可能解决问题。

功能：

当我们概括出问题的梗概后，就会理解其中的关联，就会初步了解问题所在，以及要进行哪些调整才能接近我们的目标。问题触发器这个方法可以帮助我们思考问题，并且可以据此来思考问题的解决方法。我们需要尽可能多地使用创造力来构建这些问题，因为问题构成的本身会影响解决问题的方法。

流程模型中的对应环节：

创意解难：明确挑战。

设计思维：思考角度。

系统创意思维：预估挑战。

问题触发器：

下面有四种问题触发器，通过使用它们，我们可以把一个难题变为一个开放式问题，从而获得尽可能多的答案。

1. 要通过哪些方式我才可能……

2. 怎样……

3. 如何……

4.…… 可能一共有哪些解决方法

使用方法：

1. 使用类似于 5 个 W 和 1 个 H 的思维工具来尽可能多地搜集与困难相关的背景信息。

2. 在最为重要的背景信息之上，使用尽可能多的方法来把难题转化为开放式的问题。在实施过程中，可以使用下列结构：疑问词 + 行为人 + 行为 + 目标。

3. 使用望远镜法（见第 230 页）来挑选最佳问题。

使用建议：

1. 使用多种方式发现问题。我们可以根据“问题太复杂了”这一陈述想出许多开放式问题。

2. 故意列出一些不同寻常甚至被认为是愚蠢的问题。

3. 确保你列出的问题是基于上文所说的问题触发器。这样你就可以列出开放式的问题。

4. 开放式的问题和研究式的问题不同，后者往往只有一个答案，例如，这项工作需要花费多少时间？需要多少经费？由谁来负责？

示例：

你发现任务清单在不断变长，甚至感觉并没有减少工作的时间，反而比以前工作了更长的时间。现在使用问题触发器，通过各种方法写出开放式问题来解决这个困难。

1. 我如何才能缩短我的任务清单？

2. 我怎样才能忽略我的任务清单？

3. 有哪些方法可以把任务清单上的事项外包出去？

4. 我如何才能少接一些任务？

5. 有哪些方法可以拒绝新的任务？

6. 我如何才能把任务的优先级定得更好？

7. 我如何才能工作得更有效率？

8. 我如何才能工作得更快？

9. 我怎样才能在摆脱任务清单的情况下胜任工作？

10. 我要如何制订任务清单才不感觉烦心？

问题触发器示例

结构：疑问句 + 行为人 + 行动 + 目标

思维网络

思维网络是一个发散性的思维工具，它可以帮助我们从思维和行动两个角度把问题变得具体化。通过使用思维网络，我们可以找到和原始问题相关的问题，在此基础之上，我们可以转移注意力，从而发现真正的问题。

功能：

思维网络是一个复杂的思维工具，我们只在处理相对困难的问题时使用它，同时，我们也使用它来明确真正的问题所在。

在开始之前，我们可以在问题触发器的帮助下明确一些相关问题。接着，我们可以运用思维网络把这些问题带入更大的背景中进行讨论，以发现更多的可能。

流程模型中的对应环节：

创意解难：明确挑战。

设计思维：思考角度。

系统创意思维：预估挑战。

使用方法：

思维网络的基本原理是，在一个标准问题的基础上通过不断发问“为什么？”来寻找抽象的、广泛的问题，以及通过提出“是什么阻拦了我？”这个问题，来寻找一个清晰的、以行动为导向的问题。

为什么？

↑

常见的问题

↓

是什么阻拦了我？

1. 用“我或我们如何……”的形式把初始问题写在索引卡上或者便笺纸上，例如，“我如何提高德语水平？”

2. 现在进一步提问“为什么我想要……”，例如，“我为什么想要提升我的德语水平？”或者往反方向提问“是什么阻拦了我？”。

3. 使用简单、完整的句子来回答这些问题，例如，“我想提高德语是因为我想和欧洲的经济发达地区进行更多的贸易往来。”

4. 把问题转化为“我或我们如何……”的问题形式，并且在原始问题的上方或者下方写下这些新构成的问题。

5. 把问题置于“向上”和“向下”的两个方向来检验它们之间的逻辑关系是否成立。使用以下两个问题——向上：假设我们已经取得了相对较低的目标，这是否能够帮助我们实现相对较高的目标呢？向下：这是否就是我们还没有达到相对较低的目标的原因之一，进而导致我们没有取得较高的目标？

6. 如果对于两个测试问题的答案都是肯定的，那么接下来就用一个箭头把这两个问题连起来。如果其中一个问题的答案是否定的，那么你就会知道问题的指向并不正确，因而需要重新对问题进行定位。使用这两个测试问题可以帮助我们发现需要在哪里定位问题。

7. 从你最初的问题出发，再问一次“为什么是其他……”或者“还有没有其他因素阻止我做这个……”，接着重复第 3—6 步。

8. 这样你会对这个问题有一个全面的理解。

9. 现在，思考你的问题网络，并且思考有哪些问题是你真的想去做或者应该去解决的。换句话说，有哪些问题是能够对其他问题产生积极影响并且能够带动你实现目标的。

我怎样才能和欧洲的经济发达地区进行更多的贸易往来？

假设我能够提高我的德语水平，它会帮助我和欧洲经济发达地区进行更多的贸易往来吗？

我现在尚不能和欧洲经济发达地区进行更多的贸易往来，其中一个原因是我还没有提高我的德语水平吗？

我如何提高我的德语水平？

使用建议：

1. 你可以独自使用思维网络，也可以在小组中使用它。

2. 当你想出一些问题时，要查看一下它们之中是否有极为有意思的问题。如果有，就以此为基础去展开。

3. 不断写出向上和向下思考的问题，直到答案变得清晰。

4. 给写出思维网络留下足够的时间，比如，一个小时。

示例：

原始问题：我如何提高德语水平？

思维网络示例

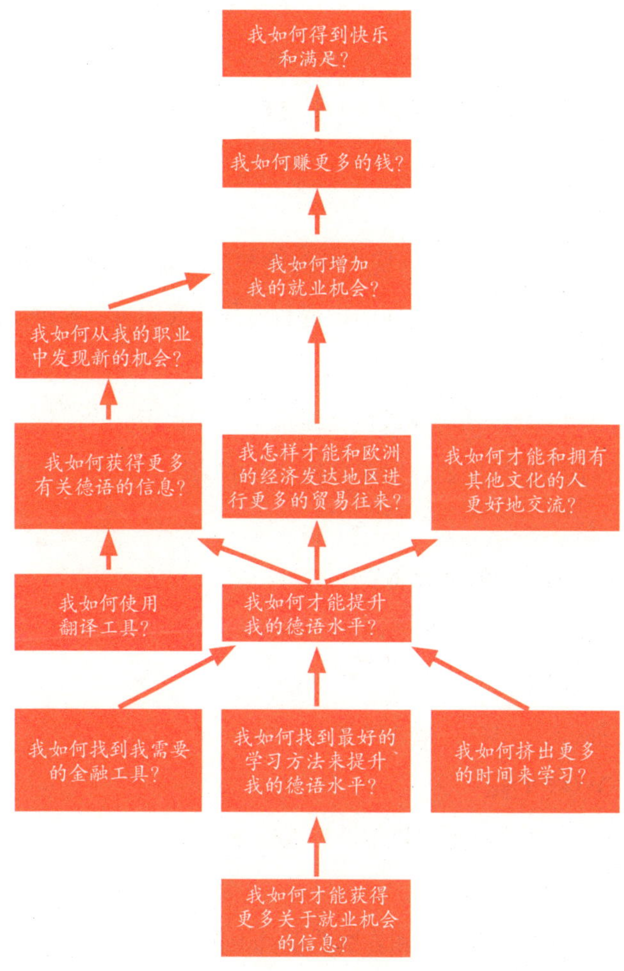

SWOT 分析法

SWOT 分析法可以帮助我们分析形势的优劣，从而加深我们对形势的理解。这一个方法还可以帮助我们把现在和未来的形势清晰地呈现出来。SWOT 中的 4 个英文字母分别代表着优势（strengths）、劣势（weaknesses）、机会（opportunities）和威胁（threats）。使用 SWOT 分析法需要运用到发散性思维和聚合性思维。

功能：

我们使用 SWOT 分析法来辨明现阶段存在的优势和劣势，并且去考量未来可能出现的机遇和挑战。我们可以在这个过程中发现核心策略问题，从而扬长避短。

SWOT 分析法可以被广泛运用于公司上下，也可以在某些特定环节使用，比如，用来分析公司的某一个部门或者某一个产品。

流程模型中的对应环节：

创意解难：明确挑战。

设计思维：思考角度。

系统创意思维：预估挑战。

SWOT 问题：

下列的关键问题可以帮助你进行分析。

1. 优势（内部）

有哪些东西在起作用？哪些项目运作良好？

我们的优势是什么？我们产品的优势是什么？

是什么使我们与众不同？这一产品有什么与众不同之处？

2. 劣势（内部）

有哪些难点？过去曾有哪些难点？

有哪些困难在阻止我们前进？

我们的劣势是什么？

我们缺乏什么？

存在哪些障碍和隐患？

3. 机会（外部）

未来会有哪些改变？

我们可以发展和扩大哪些方面？

存在哪些机会和机遇？

我们周边有哪些可以利用的资源？

4. 风险（外部）

有哪些现存的风险？

我们将会遇到哪些困难？

如果要迎难而上，我们将要考虑哪些因素？

使用方法：

1. 明确你想要使用 SWOT 分析法的领域。

2. 运用发散性思维，在各个项目下列出尽可能多的点。

3. 运用聚合性思维，为每一项筛选出最为重要的点。

4. 使用问题提问，在筛选出的内容中确定你最想集中精力攻克的，比如，如何减少现阶段的劣势？如何规避未来的风险？如何扩大现阶段的优势？如何把握未来的机会？

5. 在问题触发器的帮助下，把筛选出的内容组成开放式的问题，从而在下一步中帮助我们思考解决方法。

使用建议：

上面列出的 SWOT 问题可以让我们产生灵感，但你不必使用所有问题。

示例：

下面的示例是在一次创新研讨会上，我们和一位客户对某一特定产品进行的 SWOT 分析（我们进行了简化）。红色部分为最终筛选出的内容。

SWOT 分析法示例

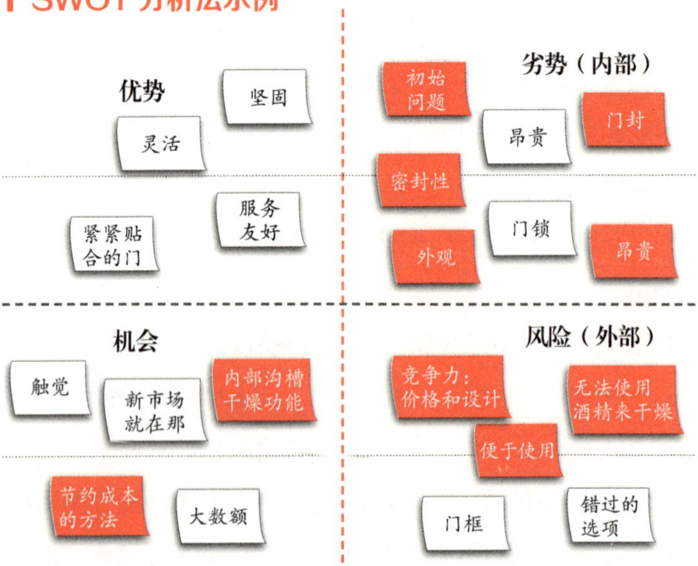

优势	劣势（内部）
坚固 灵活 服务友好 紧紧贴合的门	初始问题 昂贵 门封 密封性 门锁 外观 昂贵
机会	**风险（外部）**
触觉 新市场就在那 内部沟槽干燥功能 节约成本的方法 大数额	竞争力：价格和设计 无法使用酒精来干燥 便于使用 门框 错过的选项

组成分析法

组成分析法是 TRIZ 方法的一个部分。通过使用组成分析法，我们可以把问题分解为不同等级的抽象概念，进而在分析问题时筛选出对应的抽象等级。TRIZ 就是发明问题解决理论，主要用于解决机械或技术上的问题。它依据逻辑进行理性思考，采用一种以技术为导向的语言和思考方式。这一方法几乎和以用户语言为基础的设计思维完全对立。但是在实际使用过程中，TRIZ 的运用可以比定义中所描述的更加灵活，也可以用于解决技术以外的问题。为了更好地理解这一方法，我将使用一个更加灵活的解读方法作为基础。

功能：

组成分析法适用于分析复杂的问题。它也是 TRIZ 功能分析的第一步。

流程模型中的对应环节：

创意解难：明确挑战。

设计思维：思考角度。

系统创意思维：预估挑战。

可使用的组成成分：

1. 在技术系统范畴内

数量很多的组件，例如，弹簧、托架、桌子等。

能够让组件之间产生相互影响或相互依存关系的区域，例如，磁场。

2. 在技术系统范畴外

可定义的元素，例如，一个部门或者一个人。

拥有可转移元素的区域，例如，文化。

不可使用的组成成分：

1. 软件

2. 组件参数

使用方法：

1. 为你的系统构建一个等级结构，从第一级开始，直到进入内容更丰富的级别（见第129页插图）。接着，给每个独立组成部分制作一个列表，这样可以帮助你对整体有一个逻辑清晰的概念。

2. 现在就你的问题，选择你想要进一步观测的抽象概念等级，并使用TRIZ功能分析法进行分析。

使用建议：

1. 客观上来说，没有对或错的抽象概念等级，然而依然有一些可以帮助我们分辨出相对正确的等级的小建议：如果挑选的等级过高（过于抽象），议题范围就会变得太宽泛、太抽象，这样就会令人费解。这样一来，就意味着会把在下一个环节思考出的想法分散了。如果挑选的等级过低，会导致细节的丢失，那么在下一个环节就无法思考出足够多的点子去解决问题。

2. 总的来说，有必要把类似的组成部分进行统一的思考，尤其在技术范畴内，比如，一个系统内包含许多弹簧，你可以把这些弹簧视作同一个组成部分。但是对于一个拥有许多员工的部门来说，对这些人进行逐个的独立分析会更好。

3.TRIZ 这一思维工具比较复杂，其复杂程度已经超出了本书的讨论范围。因此，推荐查阅相关资料，对这个内容进行延伸阅读。

组成分析法示例

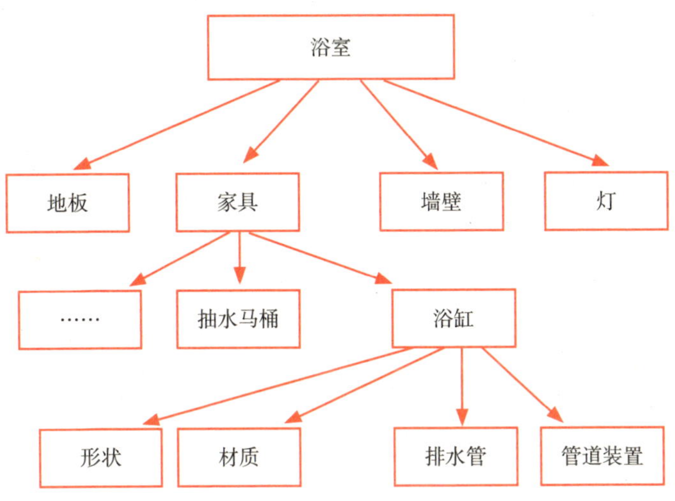

力场分析法

力场分析法是一种能够帮助我们分辨挑战的积极面和消极面的策略性思维工具。它可以帮助我们更好地理解核心问题——那些在实现目标的道路上需要被回答的问题。

功能：

力场分析法是一个很好使用的分析工具，它能够帮助我们更准确地定义问题，明确可以被进一步发展的优势，找到应该规避的劣势。

流程模型中的对应环节：

创意解难：明确挑战。

设计思维：思考角度。

系统创意思维：预估挑战。

使用方法：

1. 描述你想要实现的目标。

2. 构建两个场景，在一个场景中，你的努力获得了理想的回报；在另一个场景中，你没有获得任何回报。

3. 罗列出会让局面转向积极或者消极的核心因素。

4. 给每一个带来消极或积极影响的因素写一个详细描述。

5. 记录下所有这些因素的走向。

6. 利用你获得的概要描述，决定你是否想要进一步发挥你的优势，规避你的劣势，引入更多积极的因素来打破平衡。

使用建议：

要把影响因素限制在核心要素中，不要急着去扩展列表。

力场分析法示例

如果我们可以从 ×× 客户手上获得一个大单子就好了

理想的情境：我们收到了一份为期两年的合同	+	影响因素	-	灾难性的情境：我们彻底出局
很合适	←	调整公司的运营以适应需求		不适合
充足的人力资源，可以灵活调配		可以调动的员工数量	→	人员不足，调配的灵活性不足
我们表现得胸有成竹	←	在介绍性陈述中展现出个人信念		听众打哈欠
在客户的期待范围内	←	我们的报价		超出了客户的预期
有说服力且与投标要求一致		我们的强项	→	办公室太远
有说服力且准确	←	说服理念部分的内容		无趣

核心问题：我们如何借助外部资源来强化我们的优势？

四、在想法中思考

在想法中思考是指为了既定的挑战进行原创思考，以及构建心灵图像的过程。

在想法中思考并非凭空产生，它往往和预先确定好的问题相关，无论这个问题是明确的还是隐性的。只有在明确了需要被解决的问题或挑战之后，人们才可以思考解决问题的办法。

正如上面所定义的，在想法中思考是一种开放的、发散的思维方式。对想法的评价在评价性思维这一环节发生。

在想法中思考示例

打开思路的方法——条条大路通罗马

到现在为止，我们已经有许多帮助我们打开思路的思维工具，除此以外，我们还有更多类似的技巧。对这些方法进行分类并没有坏处，比如，Michael Michalko（迈克尔·米哈尔科）谈及线性的方法和直观的方法。Horst Geschka（霍斯特·格什卡）把这些方法分别归为关联、排列、对照和联想这几个类别。其实这些分类无所谓对错，但是分类可以帮助我们更好地理解各类方法。尽管这些方法数量众多，但是它们中的绝大多数都是由一个共同的、基本的原则演化而来的，当然，它们之间也存在差异和不同的侧重点。

在与我们的客户协作时，我们奉行简单的原则。我们会区分那些在直觉上和系统上有所差别的思维工具。直觉思考方法包括，诸如经典的头脑风暴法（见第134页）、强制关联法（见第152页）等这些完全没有条理的思维工具。系统思考法包括，诸如类比法（见第158页）、SCAMPER（见第146页）这样的罗列清单法，以及逃跑法（见第150页）这样的对照方法。

在与客户合作的十年中，我们发现，将直觉思考法和系统思考法进行结合往往最有利于打开思路。不同的人群会喜欢采用不同的方法，但最终挑选的方法要取决于你提的问题本身。因此，这样的方法需要一个类似于实际的产品或流程的范例。如果你正在思考如何给你的伙伴送一份特别的礼物，那么你可能不会有一个可以参考的范例。

在下面列出的思考方法中，你能就如何使用这些方法提出建议。

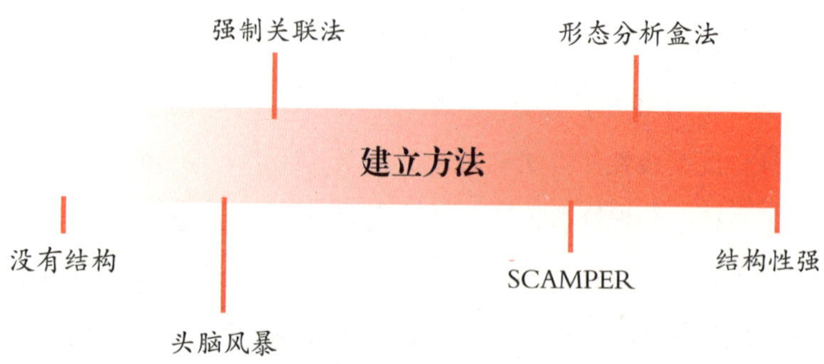

头脑风暴法

头脑风暴法是一个由 Alex Osborn（亚历克斯·奥斯本）在 1953 年提出的适合运用在小组中的思维工具。使用这个发散性思维工具的目的是通过搜集不同的想法来为特定的议题找到解决方法。

功能：

头脑风暴法是一个可以被用作寻找想法的基本方法。我们通常在构思环节的初期使用这个方法，所有的参与者都可以从中尽可能地思考出所有的想法。

流程模型中的对应环节：

创意解难：思考解决方法、确立解决方案。

设计思维：思考解决方法。

系统创意思维：思考解决方法。

使用方法：

1. 在所有人都可以看到的地方写下首先需要解决的问题。接着使用问题触发器，构建一个类似于“我们如何才能……”的问题。下一步就是构思想法，可以给构思想法设定一个目标，比如，要想出至少30—40个点子。

2. 哪怕你已经获得了超过目标数量的想法，也不要停止，继续记录不断出现的想法，把每一个想法都写在索引卡或便利贴上。

3. 举起这些卡片，并大声说出上面的内容，保证在场的每个人都可以听见，接着把它们贴在一个活动挂图板或者墙壁上。

4. 每列出差不多15个想法就要停下来检查一下——这些想法是否能够帮助你解决问题，或者你是否需要调整所关注的问题核心。

使用建议：

1. 在进行头脑风暴法时，尽可能把所有想法都写下来。

2. 首先写下这些想法，然后把这些想法大声朗读给小组成员听。

3. 在你开始之前，要向成员们再次解释发散性思维的规则。只有在这一规则的指导下，头脑风暴法才能有效进行。这是一个纯粹的发散性思维方法，筛选和评价要在之后的环节中才能进行。

4. 用无序的方法收集这些想法，就像所有参与者在思考这些想法时一样，不要在进行头脑风暴法时试图理清思路。

头脑风暴法流程示例

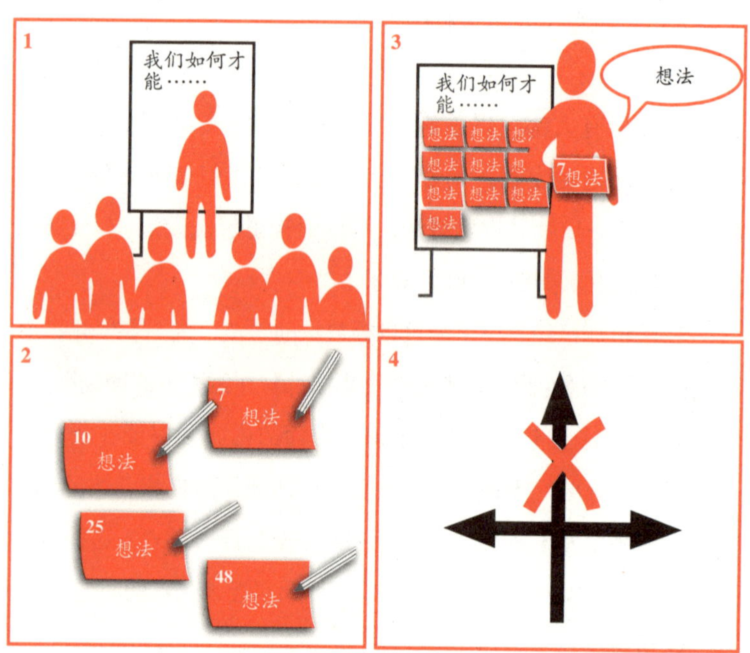

头脑风暴法有用吗？

每隔几年你就会看到宣称头脑风暴法无用的文章。在这些文章中，作者们会引用一些科学研究的结果作为证据。这些研究表示，如果让小组成员先进行独立思考，之后再收集他们的想法，在这种情况下小组能够获得更多数量的想法。一些研究更是宣称，个人会比小组获得更多的想法。我个人对这些研究结果所持的态度是：别胡说了！

我的观点（详细版）：

2011 年，一篇研究论文的出现带动了更多类似的研究，它们不断地宣称头脑风暴法的无效性。我们都曾经历过至少一次这种情况：置身于一个正在进行头脑风暴法的小组中，但却没有任何思路。我们创意培训班的许多参与者都在培训开始时表示，他们身上也发生过这样的情况。

但是在培训的最后，所有参与者们都认同了创意开发的专家们一直以来宣称的观点：如果使用得当，头脑风暴法很有效。我在上文中具体描述了使用头脑风暴法的正确方法。

在由 Alex Osborn 定义的方法中，应该由专门负责引导或者主持的专业人士来领导小组进行头脑风暴法。这句话揭示了头脑风暴法是否成功的所有关键点。所谓头脑风暴法不起作用或者人们不能获得想要的结果，是因为缺少负责引导或者主持的专业人士。

科学家们使用了什么方法：

在 2011 年的这个研究中，研究者占用了大学第一学期的心理学课程。学生们为了通过考试不得不参与研究。学生们每四人一组被要求坐在电脑前，安静地把他们的想法输入一个即时聊天软件中，他们被禁止进行任何交流。在进行实验之前，有人对头脑风暴法的规则作了简单的解释。接着，学生们被要求回答下述问题："我们如何把我们的大学变得更好？"

实验的结果是，与普通的小组相比，实验参与者们经历了一个“思维局限”和“认知固化”的思考过程。学生们总是关注其他成员的想法，因此他们自己只想出了少量新颖的想法。他们获得的大部分想法都和之前展示的想法相同。

本书中描述的头脑风暴法操作方法和科学家们在实验时所使用的方法完全不同。在小组内思考想法是一个很好的方法。在 creaffective，头脑风暴法是众多用来开发创意的思考方法之一。在引导者的帮助下使用其他的思维工具进行协助，你会避免遇到上文提到的认知固化的情况。如果我们可以正确地使用头脑风暴法，获得的结果绝不是把众多个体的想法简单合并能够比得上的。早在 2005 年发表的一项科学研究就证实了这一观点。

这份在 2005 年发表的研究报告叙述了——在删除了冗余的想法后，那些未经调解的小组一共产生了 23 个想法，这个数量要低于普通小组；有专业引导者带领的小组产生了 143 个想法，并且只凭借一个方法就获得了这些想法。个体无法超过真正在进行思维互动的小组的表现。再者，有两个真正在进行头脑风暴法的小组平均产生了 126.5 个互不重复的想法，而普通小组只产生了 58 个想法。两个使用头脑风暴法的小组平均每组产生了 208 个没有雷同的想法。这个实验表明成员在思路流畅度上有 400%—600% 的提升，也表明了拥有一个专业引导者的重要性。

总结：

头脑风暴法是有效的，但是想要取得效果，就要合理地运用。然而在大多数实验室的研究中，并没有做到这一点。不得不承认的是，在许多公司的讨论组里，头脑风暴法也没有得到合理地运用。了解这一情况，我们就能够理解为什么会有许多人认为头脑风暴法没有用了。

脑力写作法

脑力写作法是一个沉默版的头脑风暴法，在使用这一方法时，每个参与者都有时间去思考若干个想法，并发展他人的想法。使用这一思维工具最显著的优势在于，所有的参与者都会自发地想出想法，这样在相对较短的时间内，就能够产生大量的想法。

当 Horst Geschka（霍斯特·格什卡）提出脑力写作这一方法时，他称之为“6–3–5 法”。“6–3–5”分别代表着：6 个参与者、3 轮交换和 5 分钟一轮的时间限制。

功能：

在开拓思路的环节中，我们可以把脑力写作作为一个备用方法。这一方法尤其适用于小组成员相对内向，或者不太愿意大声与他人分享自己想法的情况，以及一些特定的文化环境中，比如，日本文化。

理想的小组构成人数为 6 人，但是人数在此上下稍微浮动也不会有什么影响。

流程模型中的对应环节：

创意解难：思考解决方法、确立解决方案。

设计思维：思考解决方法。

系统创意思维：思考解决方法。

使用方法：

1. 为每个参与者准备一份脑力写作工作表（见第 141 页插图）。这张表被分为 3 排，每一排下面有 3 个地方可以写下想法，或者可以在一张纸上贴 3 排便利贴来代替。

2. 每个参与者要想出 3 个想法并且把这些想法写在第一排中。

3. 交换这些工作表。每个人要拿走其他参与者的表，接着要在第一排的想法之上继续展开思路，并写在第二排上。

4. 这一步完成以后，进行第二次交换。现在，完成第三排的填写。最终，每个人都会在 3 张工作表上一共构思出 9 个想法。

使用建议：

1. 在使用脑力写作法时，参与者可能会花过多的时间进行思考，进而开始评价或者否定一些想法。因此，在进行脑力写作的过程中，有必要设定时间限制，这样可以把参与者置于一定的时间压力下，这也符合原始头脑风暴法的要求。然而，根据我们的经验，每次都设定 5 分钟的时间限制并不一定总是合理。因为对于大部分小组来说，5 分钟总是不够用，尤其当小组成员没有拓展思路的经验时。

2. 要确保参与者在目标格子里写下的内容不只是几个关键

词，还要确保每个写下的想法都清晰易懂，并且每个人都可以在此基础上顺利地进行思考。

脑力写作法流程示例

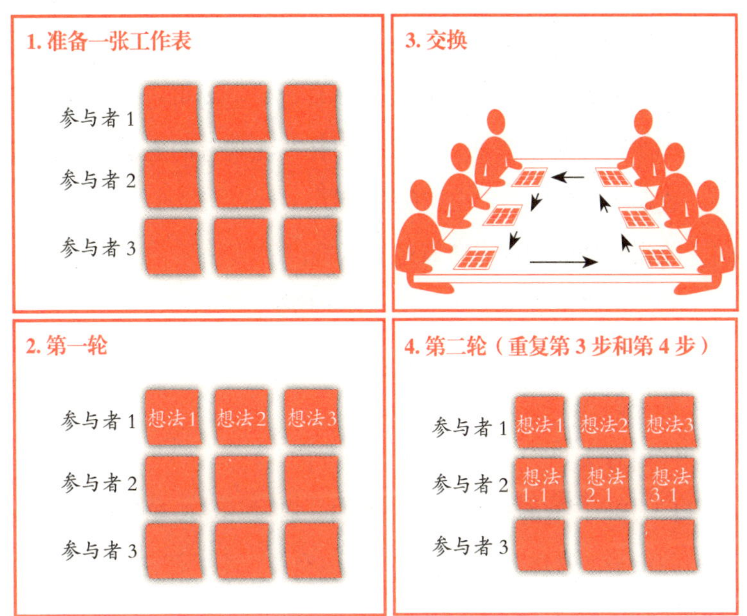

异想天开设问法

异想天开设问法是一个非常简单的思维工具，它能够帮助人们有意识地打破思维的局限。

功能：

异想天开设问法可以在头脑风暴法的环节中使用，我们可以用它来鼓励参与者构思出新颖且与众不同的想法。研究表明，这个方法能够帮助人们突破自我，进行创新或是疯狂地思考。许多人都觉得，当被当作傻瓜时，他们反而更容易想出原创的想法。更值得我们注意的是，通过这种思考方法产生的想法并不总是没有价值，不少想法反而还具有一定的可行性，其中会出现不少有意思的想法，而且它们往往比现有的想法更富创造性，我们还更容易确定它们的可行性。

流程模型中的对应环节：

创意解难：思考解决方法、确立解决方案。

设计思维：思考解决方法。

系统创意思维：思考解决方法。

使用方法：

1. 使用其他的思维工具，例如，通过一场头脑风暴法来想出一些点子，这样参与者们就可以清空头脑中的想法。

2. 让参与者写下至少一个与众不同的原创想法，每个人写一个。可以用下面的话来引导参与者："有没有什么古怪离奇的方法可以解决我们的问题""如果一切皆有可能，你会怎么做"。

3. 写下一个突破传统的想法，不要管这个想法是否合理，可以借此鼓励每个参与者大胆突破思维局限。

使用建议：

我们通常在开拓思维的最后阶段使用这个方法，这可以激发参与者们再多想出一些点子。

异想天开设问法示例

形态分析盒法

形态分析盒法是由 Fritz Zwicky（弗里茨·茨威基）创立的思考方法，它是一种排列思维工具。这种方法可以让我们在现存问题内，用一种有趣的方式尝试不同的搭配组合，这样做，还可以不断发现新的可能的组合。

功能：

我们可以在展开思路的环节使用这个思维工具，尤其当现存的样板已经确立了以后。在样板的基础之上，你可以用新的思路组合进行实验。

流程模型中的对应环节：

创意解难：思考解决方法。

设计思维：思考解决方法。

系统创意思维：思考解决方法。

使用方法：

1. 对需要使用新思路解决的问题进行详细的描述。

2. 筛选出这个问题中最为重要的参数。每个参数都应该被筛选到，这样它们就可以分别代表问题中的某一个方面。

3. 针对每个被筛选出来的参数，制订一个目标列表，每个列表下面列出 3—5 个可能的变量。变量超过 5 个会让你的形态分析盒变得过于复杂。

4. 尝试组合，基于筛选出的形态分析盒及罗列出的变量，进行不一样的组合尝试，这样你可以使用它们构思出新的想法。

使用建议：

1. 要记住的是，随着你挑选的参数数量和变量数量的增加，这个方法的复杂度将会呈几何级增长。

2. 在使用少量参数和变量的情况下（例如，3 × 3），是可以尝试所有的组合情况的。如果参数和变量的数量都增长了，你可以随机挑选组合情况来节省时间，并且尝试从所挑选的组合中获得新的思路。

3. 尝试着从每一个你挑选的组合中思考出不止一个新想法。

示例：

我们一共有哪些可以运用的市场营销策略？以下想法来自一家致力于为信息技术安全提供软件解决方案的公司。

渠道	形式	内容
博客	文章	娱乐
推特	视频	解释、信息
脸书	播客	测试、知识竞赛
视频网站	游戏	产品广告

一些从组合中获得的思考：利用博客来组织一个关于信息技术安全的知识竞赛，这些知识可以以短视频的形式来呈现；使用博客来呈现知识竞赛，并在后面附上相应的信息技术安全知识小视频，以此来帮助用户进一步理解相关知识；用博客来组织一个以“信息技术安全”为主题的视频式知识竞赛；在我们的博客上放上信息技术安全的测试题。参与者需要使用他们的手机自己制作一个短视频，以此来展现正确的答案。

SCAMPER

SCAMPER 是一系列具有推动性功能的问题中的关键词的英文首字母缩写组合。这些问题可以给你的想法提供一个明确的方向，这样你就能够发现到目前为止你还没有想到的思路。

功能：

当你已经明确了那些可以用来打开思路的问题之后，你会发现 SCAMPER 这个思维工具非常适用于处理这些问题。比如，当关于一个产品或者一个流程的思路已经有了第一个版本时，你可以使用 SCAMPER 问题来对现存的情况作一些调整。

流程模型中的对应环节：

创意解难：思考解决方法、确立解决方案。

设计思维：思考解决方法。

系统创意思维：思考解决方法。

SCAMPER 是指：

SCAMPER 其实是下列词语的英文首字母的大写组合：substitute（替换）、combine（组合）、adapt（借鉴）、modify（调整）、put to other uses（其他用途）、eliminate（排除）、rearrange（重新排列）

SCAMPER 问题：

上面列出的所有项目都可以帮助你思考出一系列能够激发你思考的子问题。要根据你所要解决的问题来看看需要挑选哪些具体问题。

1. 替换

有哪些内容可以被替换?

我们可以使用什么去替换?

还有谁可以替换进来?

哪个流程可以被替换?

哪些材料可以被替换?

2. 组合

有哪些内容可以被合并?

有哪些内容可以融合在一起?

怎样把特定的部分联系起来?

有哪些目标是可以合并的?

3. 借鉴(调整或同化)

有没有其他想法表明要这样做?

有没有一些相似的方法能够被用来解决现存的问题?

在过去是否发生了一些类似的情况?

4. 调整(扩大)

可以引入哪些变化?

定义可以被改变吗?

颜色或形状可以被改变吗?

有没有什么内容可以被革新?

有没有什么内容可以被扩大或者将其变得更为重要?

5. 其他用途

现存的想法中还有哪些可以被运用到现存的情况中?

如果目前的情况发生了改变，那么这些想法还可以用在什么地方？

6. 排除（简化）

有哪些想法需要被排除？

在不影响功用的前提下，有哪些想法可以被去掉？

有没有一些想法可以被简化？

7. 重新排列

其他的问题设计是否也会起效？

有哪些内容可以进行互换？

有哪些内容可以被重新排列？比如，活动、人员、流程。

使用方法：

1. 提出一系列适合情境的 SCAMPER 问题，并且以它们为基础构想出更多的思路。

2. 保持提问，直到你获得让自己满意的想法数量。

使用建议：

1. 在使用头脑风暴法拓展思路之后，再使用 SCAMPER。

2. 根据你需要解决的核心问题来调整 SCAMPER 问题。

3. 尽可能灵活地组织问题，这样当你在搜寻想法的时候，就可以保持想法的支撑点不发生变化，例如，有哪些构成元素可以被扩大？这就意味着，我们可以扩大、增加哪些构成元素的重要性或者可以在时间轴上进行延展。

示例：

我们如何提高超市收银台的结账效率？

1. 替换

使用扫描收银台代替传统的收银台。

用取号代替排成一列。

2. 组合

把普通的收银台和出纳机组合起来，以便进行自助收银。

结合使用手机支付功能，顾客可以使用手机提前扫描产品，这样就可以在收银时马上完成付款。

3. 借鉴（调整或同化）

借鉴交通指挥系统，设立一个可以发现哪里排队的人数最少、哪里出现了堵塞的收银指挥系统。

4. 调整（扩大）

对购物手推车进行调整，让它看起来更像一个移动的货架，这样货物就可以被自动扫描。

5. 其他用途

货架同时可以被用作自动售货机，顾客只需要使用一张智能卡来购买产品。

6. 排除（简化）

发售一部分 VIP 卡，顾客凭此卡可以减少排队等待的时间，并且享用独家的收银服务。

7. 重新排列

重新排列超市中收银台的位置，例如，把收银台安置在超市的不同位置。

SCAMPER 示例

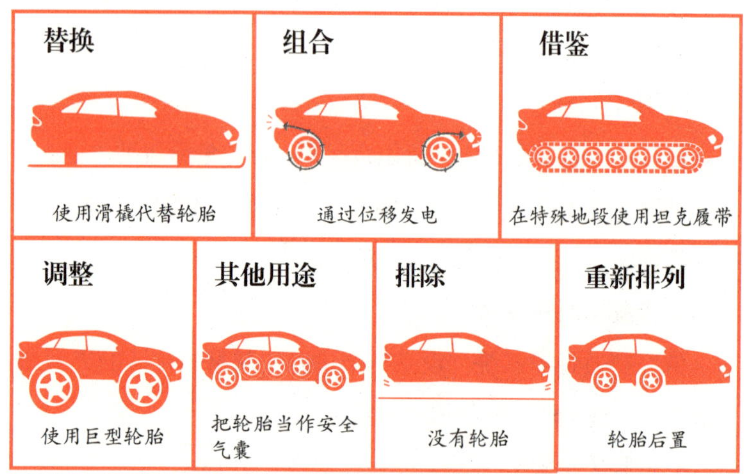

逃跑法

通过使用这个逆向思维方法，你可以在分析问题时明确所作的种种假设，这些假设可以被转化为问题，从而帮助我们思考其他的问题解决方法。这个思维工具是一个绝佳的发散性思维工具，它可以帮助我们想出非常新颖的点子。逆向思维意味着，在思考时进行一个刻意的“变道”。不同于只往一个方向进行深入思考，逆向思维会带着我们探索从未思考过的领域。

功能：

在思考解决方法的过程中，当团队已经思考出一些点子，但还要寻找更多、更特别的点子时，逃跑法值得一试。但是使用这个方法还有一个前提：你需要一个现成的想法，并且这个想法所基于的假设能够引发一些质疑。

流程模型中的对应环节：

创意解难：思考解决方法。

设计思维：思考解决方法。

系统创意思维：思考解决方法。

使用方法：

1. 分析你的首要问题，思考一下有没有被你忽略的问题，列出这些问题的基本属性和假设。

2. 针对每个基本属性，列出一个相反的属性：进行一次反向逃跑。

3. 从所列出的每个相反属性出发，思考如何利用它们中的每一个来帮助自己思考解决问题的方法，或者思考是否能够在这个过程中想出其他的点子。

使用建议：

在构建一个相反的假设时，不要仅仅思考字面意思。相反，你应该把它视作获得额外想法的灵感源泉。

示例：

一个新概念餐厅是什么样的？（见第 152 页插图）

逃跑法示例

饭店的基本要素	反面观点	新思路
服务员	不需要服务员的餐厅	•在餐桌上嵌入一个电子点单系统 •使用传送带上菜 •必须自己取得食物
餐桌和餐椅	没有餐桌和餐椅	•使用吊床或躺椅
厨房	没有厨房	•厨师就在餐桌前进行烹饪 •厨房和就餐区之间没有分界线

强制关联法

强制关联法是一种具有关联性的发散性思维工具，它能够借助外界的刺激帮助我们打开思路。在使用这一方法时，我们会借助随机的图片或物体来激发灵感，为需要解决的问题思考出更多的方法。

功能：

在进行完首轮头脑风暴法环节之后，我们可以使用强制关联法思考所有类别的问题，以此获得更多的思路。

流程模型中的对应环节：

创意解难：思考解决方法、确立解决方案。

设计思维：思考解决方法。

系统创意思维：思考解决方法。

使用方法：

1. 选择与所解决的问题毫无关联的一张图片或一个物品。

2. 列出与这张图片或这个物品相关的四五个要素。

3. 尝试把这张图片或这个物品与你的问题之间强行建立联系。在这些联系的帮助下，你可以为解决问题想出更多的点子。

使用建议：

1. 自己思考一下，“当我看到这张图片时，我能强行想出哪些解决问题的方法？”

2. 试着不要让自己的思维被这张图片所限制，只要把它们当作带来想法的灵感就行。

3. 最为重要的是，你要借助它们的刺激，思考出能够用来解决问题的实际方法。没有人愿意把时间浪费在思考标语之类的内容上。

示例：

如何改良一辆自行车？我们可以使用冰块作为强制联系的对象。冰块的特点：透明、光滑、会融化、冰冷、形状会发生改变。我们可以根据冰块的特点思考出该辆自行车改良后的特点。

1. 一辆拥有透明框架的自行车看起来非常酷。

2. 一辆拥有极度光滑表面的自行车往往更容易保持干净，

因此不需要经常清洗。

3. 一辆拥有带钉轮胎的自行车，可以让你在平滑的路面上平稳地骑行。

4. 自行车的组件，例如，轮胎、刹车垫，可以使用可降解的材料或者可合成的材料制成。

5. 在寒冷天气里，自行车的把手和坐垫具有加热功能。

6. 一辆在寒冷天气里能够挡风的自行车。

7. 一辆拥有可发热轮胎能够使积雪融化的自行车。

强制关联法示例

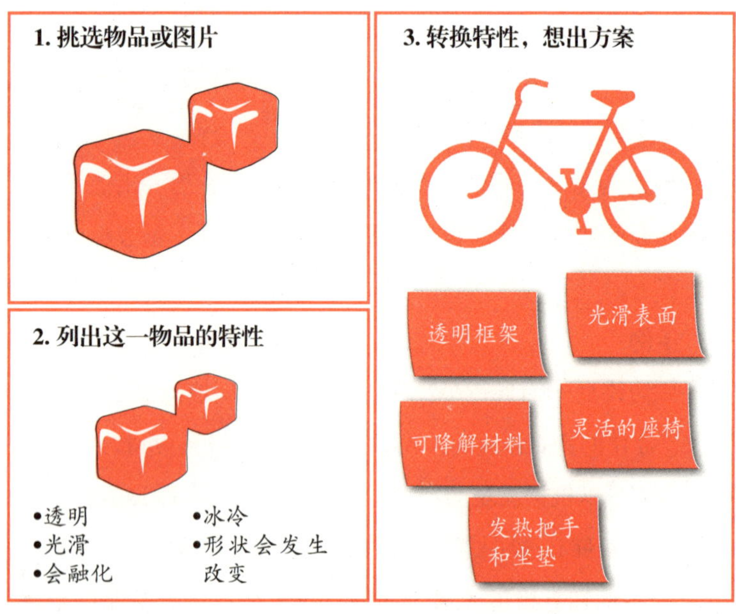

8. 一辆拥有可调节车架的自行车，这样不同身材的人都可以使用。

9. 一辆拥有可以轻松改变车把手形状和校准的自行车。

10. 一辆可以根据不同的人进行灵活调整座椅的且配备可折叠靠垫的自行车。

11. 一辆拥有循环冷却系统可以在夏天存放冷饮的自行车。

台阶法

台阶法是一个发散性思维工具。在使用这个方法时，最初被确定的问题将会遭遇各类挑战，进而使我们获得思考这个问题的新角度。

功能：

台阶法可以被运用在思考方法的环节中。当我们确立了最初的想法之后，如果想要获得更多、更新颖的想法，或者当我们的思路出现停滞时，就可以运用这一思维工具来帮助我们打开思路。

流程模型中的对应环节：

创意解难：思考解决方法。

设计思维：思考解决方法。

系统创意思维：思考解决方法。

使用方法：

1. 台阶法要和下列可以带来激发作用的问题共同使用，你可以在使用的同时构建出这类具有挑战性的问题。

倒立式：把问题反过来。例如，我们如何把我们的产品变得尽可能复杂？

夸张问题：例如，我们如何简化我们的产品以使小孩子也可以使用？

闻所未闻：我们要改变提问的内容，甚至通过一些怪诞方式进行提问。例如，一个提供健康保险的公司正在思考他们如何才能让人们开始重视采取预防措施——我们要如何对生活方式不健康的人实施罚款？

2. 要回答上述这些具有挑衅意味的问题。

3. 将产生的思路作为初始问题进而去寻找解决办法。

使用建议：

如果选择倒立式提问这一方法，首先要列出基于所提出的倒立式问题的思路。从这些思路中，你可以获得解决初始问题的方案。

示例：

一个公关公司正在思考一个问题："怎样才能让我们的公司在市场上更有辨识度？"在形成了最初的思考方案之后，它们选择使用台阶法这一思维工具，并且挑选了相应的具有一定挑衅意味的问题："如何才能确保全国上下在两周以内就可以了解我们？"

想法：

1. 在每个车站投播电视广告。

2. 在报纸上投放整版广告。

3. 给不同城市的跑步爱好者分发 T 恤，让他们在跑步时穿着进行宣传。

4. 制造一个令所有媒体渠道都会跟进消息的丑闻。

5. 用我们的标志旗帜覆盖一座地标建筑的外立面。

6. 让一位著名政治家或者名人穿着我们的 T 恤。

7. 给全国每个公司寄送明信片。

8. 搭乘一辆商务旅游大巴全国巡游。

9. 在每个大城市进行露天演出。

10. 以我们公司的名义去赞助露天演出。

11. 制造一个有趣的广告牌活动，上面附有我们公司的网站。无论谁想要参与，就要首先把这个链接发送给其他五个人，之后他们会同时获得参与权。

台阶法示例

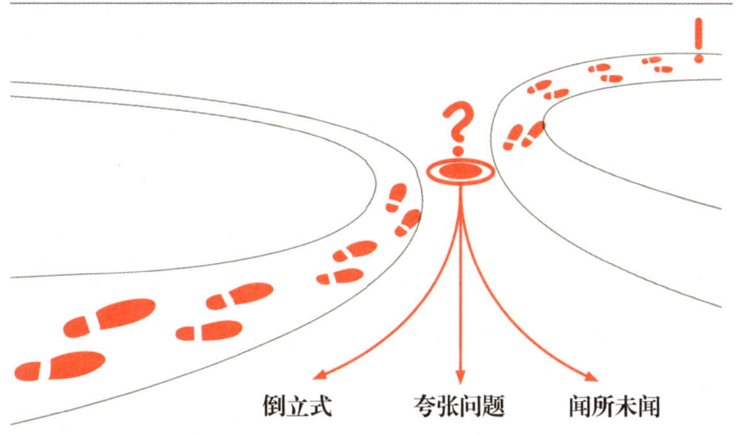

类比法

类比法是一个发散性思维工具，使用这个工具时你要寻找一个类似的情境来解决现存问题。你可以将解决类似情况的方法原理加以调整，用来解决你遇到的问题。

功能：

类比法可以被运用在思考方法的环节中。当我们确立了最初的想法之后，想要获得更多、更新颖的想法，或者当我们的思路出现停滞时，就可以运用这一思维工具帮助我们打开思路。

流程模型中的对应环节：

创意解难：思考解决方法。

设计思维：思考解决方法。

系统创意思维：思考解决方法。

使用方法：

1. 使用新想法对需要解决的问题作出详细的描述。

2. 使用概括和抽象的方式来构建你自己的问题。

3. 用概括的方式列出至少4个与你的问题相对应的因素——场所、环境、情境、业务。

4. 针对你找到的类似情境，思考这些类似的问题是如何被解决的，尝试在每个领域想出3个可以替换的方法。

5. 基于在其他领域找到的方法，尝试把它们运用到实际中来，并且把它们发展为能够帮助你有效解决现存问题的方法。

使用建议：

1. 从不同的类比中获得相同的解决方法。

2. 在进行类比思考的时候，要不断联系各种情境或环境。

3. 对每个适用于另一个情境中的替代方案来说，试着给每个问题想出一个以上的答案。

示例：

1. 具体问题

怎样才能在我们的办公室中营造出一个富有活力的工作环境？

2. 抽象问题

怎样才能营造出一个富有活力的工作环境？列举方法见下表。

类似情境	该情境的解决方法	具体问题的解决方法
饭店	•舒适的座椅 •可以变化的灯光环境 •音乐 •可以激发食欲的食物陈列	•提供可选择的座椅（椅子、沙发、健身球等） •尽可能设置可以调节、颜色多样的灯光 •提供播放愉悦音乐的房间，以激发思考 •在公共区域提供免费的水果和小零食
博物馆	•宽阔的展厅 •宏伟的建筑 •充足的光线 •短期的展览	•设置可供站立或行走的更大空间 •在办公场所的外部营造不拘一格的建筑风格，例如，在办公大楼内设置一个人造公园 •使用不同颜色的光源，并且设置不同的亮度 •在办公室门口定期开设艺术展
家中	•把墙壁漆成不同颜色 •墙上的装饰画 •植物 •放主人心爱的物品	•把会议室的墙漆成不同的颜色来激发灵感 •允许员工把私人照片挂在墙上或者把它们放置在自己的桌上 •在办公室放置植物 •允许在办公室放置私人物品

类比法示例

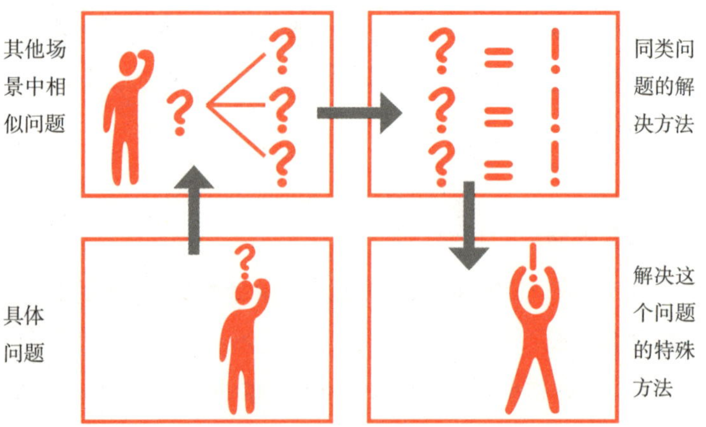

初级交换法

初级交换法来源于 TRIZ。TRIZ 就是发明问题解决理论，是一种最初为了解决机械或者技术上的问题而创建的思维工具。我们可以使用初级交换法来解决物理冲突。物理冲突是指，在同一个参照系中或同一个解决方案中出现了两种相互矛盾的特质。以智能手机为例，这个设备应该做到足够大以满足人们对大尺寸屏幕的需求，但是与此同时，它又应该被做到足够小以满足能够被轻松放入口袋的需求。正因为理想情境与现实需求的相互矛盾，尺寸的大小就变成了一个自我矛盾的参数。

功能：

初级交换法可以被运用在思考方法的环节中，尤其适用于存在物理冲突的情境下。我们在交换原则的基础上使用这个工具来寻找解决问题的具体方法。

流程模型中的对应环节：

创意解难：思考解决方法。

设计思维：思考解决方法。

系统创意思维：思考解决方法。

初级交换法原则：

1. 空间分离

在不同空间的条件下，参照系中丰富多样的特点将变得更为直观。

2. 时间分离

在不同的时间范围中，参照系中丰富多样的特点将变得更直观。

3. 情境分离

在特定的情境下，一旦一个条件变得可能，那么另一个条件在其他情境下也将变得可能。

4. 部分或整体的分离

有两种可能性：一是一个物体可以由许多小的部件组合而成。整体具有部分没有的特性；二是一个物体本身也是另一个更大整体的组成部分，它拥有更大整体所不具有的特性。

使用方法：

1. 就你需要的新思路构想出具体的问题，并且为所存在的

物理矛盾思考出精准的描述。

2. 逐个尝试初级交换法中的方法原则来获得解决现存问题的方法。

使用建议：

1. 并非所有的方法都会发挥作用。如果一个方法不奏效，就尝试使用下一个。

2. 在使用每一个方法时，试着给每个问题想出一个以上的答案。你不必严格按照这个方法的形式来操作，也不必去检验这个思路是否符合最初的原则。这些原则的作用是激发你的思考，而不是限制你的思考。

示例：

如何使一台智能手机的尺寸小到可以轻松放入每个人的口袋，并且同时大到让人们可以轻松阅读电子书？下面是对方法原则的运用。

1. 空间分离

让智能手机具有可以折叠的屏幕，这样它就能够可小可大。

让智能手机拥有可以延展为自身尺寸两倍的屏幕；让智能手机拥有前后双屏。

2. 时间分离

让智能手机上文字的大小随着使用时间的增长不断变小，这样用户的眼睛就可以逐渐适应。

让智能手机的分辨率和文字大小可以随着使用模式的切换不断调整，从而充分利用屏幕的大小。

3. 情境分离

在呈现电子书时，屏幕上的字号要自动变小，这样每一页上就能显示出更多的文字。

让智能手机上的文字在屏幕倾斜时能够自行滚动。当设备被移动到右边，文字也会相应地滚动到右边。

让设备能够自动识别是否需要把字体变大或变小，例如，当手机边缘感应到按压的时候，就会对字体大小进行调整。

4. 部分或整体分离

让智能手机的屏幕可以和其他屏幕进行连接，这样就可以在需要的时候扩大屏幕的尺寸；让智能手机拥有一个内置的投影设备，这样就可以在任何平面上投影出屏幕上的内容；让智能手机的屏幕可以通过其他可连接的外部屏幕进行扩展；让智能手机的屏幕可以和其他智能手机的屏幕相互连接，这样就可以扩大屏幕的尺寸。

初级交换法示例

赢得客户的特殊工具

有这样一份问题清单，它可以帮助你思考如何获得新客户，以及如何把新服务介绍给老客户。当你在一个团队中工作时，这份清单可以使整个团队更加规范。

功能：

这份问题清单可以被运用在发现思考方法的环节中，尤其当思考的主题为如何赢得客户时。

流程模型中的对应环节：

创意解难：思考解决方法。

设计思维：思考解决方法。

系统创意思维：思考解决方法。

问题清单：

1. 提供免费的产品和服务

在提供现有产品的同时，你还能想出哪些可以提供的免费产品或服务？

在提供现有的服务或最新服务的同时，你还能提供哪些产品？

在提供现有产品的同时，你还能提供哪些服务？

有哪些额外服务可以增强客户的黏度？

你的客户会从别人那里买走哪些你也能够提供的产品或服务？

2. 薄利客户

现在有哪些需要你的产品或服务但目前无法承担费用的潜在客户？什么样的产品、服务或者改良过的商业模式看起来能够吸引这类客户?

有哪些可能需要你的产品或服务的潜在客户,但是到目前为止对你的吸引力还不够?

要如何改良方案才能让这些顾客对你有吸引力?

3. 存在风险的客户

现在有哪些客户已经不再从你这里购买产品或服务了?这些客户为什么要停止购买或更换品牌?

要如何改良方案才能保住这些顾客的忠诚度?

到目前为止,有哪些潜在客户拒绝了你提供的产品或服务?为什么?

要如何改良方案才能吸引这一目标群体?

使用方法:

1. 对需要使用新想法处理的问题进行详细的描述。

2. 浏览上面的清单,逐个使用上述问题,并且思考出答案。

使用建议:

1. 试着为每个问题想出一个以上的解决方法。

2. 如果上一个问题对于你来说没有任何意义,那就继续下一个问题。

示例:

尽管 creaffective 是一个小型咨询公司,但是我们在全球范围内都很活跃,我们甚至还有在印度的合作伙伴。

有许多潜在客户对我们的创新服务,尤其是相关的培训很感兴趣,但是在印度市场,我们的价格远远高出人们的接受度。

对于这些潜在客户，影响他们做出决定的主要因素是每个人的培训单价。

我们问自己：“要怎样才能使我们提供的服务看起来既有吸引力又在目标客户的承受范围内呢？”接着，我们为印度教育局专门设计出了一项能够同时培训 80 名参与者的培训服务。每个参与者的培训价格要比欧洲的培训参与者价格低许多。尽管我们降低了价格，但是由于参与培训的人数很多，创新工作坊依然可以获得目标利润。同时，培训也根据受众的改变做出了调整，有别于在欧洲进行的培训，现在，这项培训服务能够满足印度受众的需要。

赢得客户的特殊工具示例

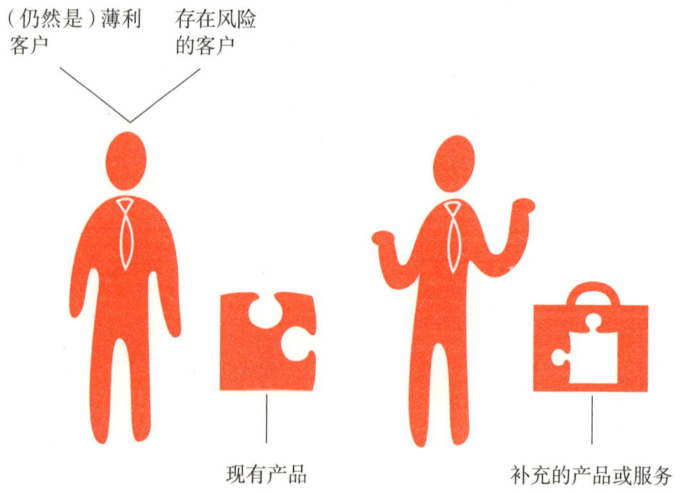

四项行动架构

四项行动架构是蓝海策略中众多思维工具的一种。我们使用这个思维工具去深入研究一些尚未引起争议，或者没有引起太大争议的“水域”。在四个问题的辅助下，四项行动架构可以帮助我们仔细查看一个行业或者一个商业模式的现状，从而为客户挖掘新颖且有意义的价值诉求。蓝海策略的创始人认为，同一行业的公司往往只关注彼此间的竞争，以及他们主导产业的标准，却忽略了客户的核心价值诉求，以及影响他们做出决定的因素。

功能：

这份问题清单可以被运用在建立思考方法的环节中，尤其当思考的主题为解决如何赢得客户的相关问题时。

流程模型中的对应环节：

创意解难：思考解决方法。

设计思维：思考解决方法。

系统创意思维：思考解决方法。

四项行动构架的问题：

1. 消除

有哪些被行业内人普遍认可的标准应该被消除？

2. 减少

在行业标准下，有哪些标准需要被显著降低？

3. 提高

在行业标准下，有哪些标准需要被显著提高？

4. 创造

有哪些至今尚未提供的标准需要被创造出来？

使用方法：

1. 对需要使用新想法处理的问题进行详细的描述。

2. 列出你所在行业的所有标准、要素和业绩特点，这样你就可以对行业概况有一个大致的了解。

3. 现在，使用这四个问题，逐个思考清单上列出的内容，并且想出你的答案。

使用建议：

1. 前两个问题可以帮助你详细检查现存的架构，并且将之进行优化。

2. 最后两个问题旨在提高客户价值，并且创造新的需求。

3. 和以往一样，试着给每个问题想出一个以上的答案。

示例：

使用这个工具的著名例子来自科技或娱乐行业，即第一代任天堂游戏机 Wii 的推广。

在那个时候，行业的标准是致力于为目标客户——年轻的男性游戏玩家提供一个性能更好、分辨率更高的游戏设备。任天堂对市场的改变主要基于以下几个方面。

首先，任天堂把 Wii 在运行处理和图像处理方面的能力降低到行业标准以下，因此它们的物料成本也被大幅度降低。任天堂公司还在每个游戏机内安装了运动传感器——一个对于当时的游戏机市场来说很新的技术。这样一来，任天堂成了可以通过身体动作进行操作的游戏机，这给游戏业带来了新的可能。最终，任天堂成功开拓了市场，扩大了受众范围，它甚至有意识地为所有人，甚至老年人开发游戏，这也把它同其他游戏机公司区分了开来。

四项行动架构示例

1. 消除

3. 提高

2. 减少

4. 创造

商业发展模型

很长时间以来，很多公司对于创新的态度一直停留在技术层面，他们只关注技术本身。然而，当市场上的差异化特点在不断减少，仅仅基于技术层面的创新很难取得成功。近年来，商业模型层面上的创新变得越发重要。商业模型指的是一个公司如何创造产品或服务，以及这些产品如何走向顾客并给公司创造更多价值的方法。

技术领域的 TRIZ 已经存在了几十年。TRIZ 的核心内容是 40 个基于专利研究而形成的创新原理，这些原理在解决创新的问题上持续发挥着作用。我们也可以使用这些原理来应对新事物。TRIZ 最好的地方在于，它不仅回答了“怎么做”的问题，也回答了“做些什么”的问题。这 40 个原理是在研究了几千项发明专利后获得的总结。

瑞士的圣加仑大学也在商业模型领域创造了类似的模型。在一个历时多年的商业模型研究中，研究人员确定了 55 种商业模型。和 TRIZ 方法相似的是，我们可以借助这些商业模型在现存的商业模式之外创建新的组合。

如果想要了解更多内容，我推荐圣加仑大学出版的一本书（见参考书目第 16 条）。你会在这本书中看到关于每种商业模型的详细描述。但是，请不要指望通过阅读一本书就可以掌握商业模型的创新。尽管如此，这本书确实提供了一个宝贵的信息资源。

功能：

我们用这个方法来思考新的商业模型。

流程模型中的对应环节：

创意解难：思考解决方法。

设计思维：思考解决方法。

系统创意思维：思考解决方法。

使用方法：

1. 要描述现存的商业模型，你可以使用商业模式画布图（见第 204 页）这个视觉工具来帮助描述。

2. 借助一些圣加仑大学的商业模型的范例，去创造新的商业模型。

3. 在一个或几个范例的基础上，创建出一系列的商业模型。

使用建议：

1. 你也可以参考那些起初看起来与你所在的公司或领域存在很大差异的商业模型，不要只关注一种商业模型。

2. 你可以借助商业模式画布图这样的视觉化模型去快速掌握所有可能性。

商业发展模型示例

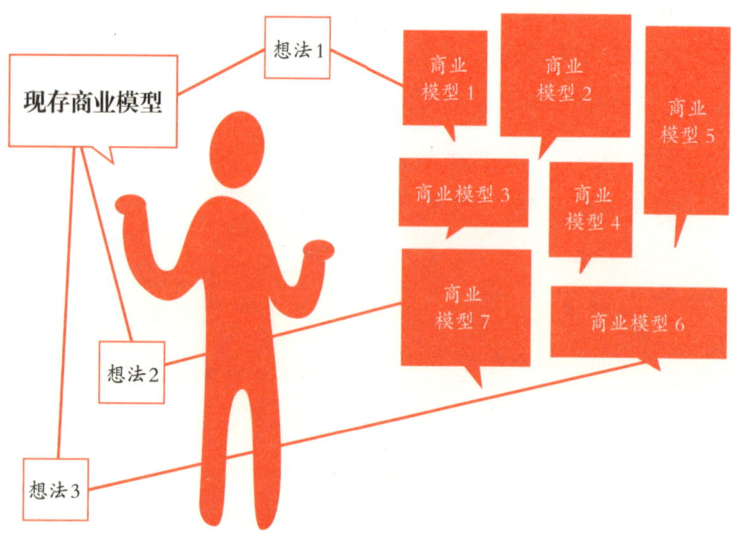

★点亮创新思路
★理清思考逻辑
★分享创意案例

五、评价思维

评价思维是一种用来评估想法的质量和实用性的思维工具，通过使用它，我们可以判断哪些方法能够被运用到实际中来。

评价思维是一种聚合性思维工具，它具有选择性，并且目的明确，尽管评价思维也包括改进想法和修改方案这两项内容。因此，不要很快就对某个想法是否有效下定论，要去发现每个想法的新意，并且不断对方案进行检测。

方案是指一个已经被制订好且需要不断修改，直至能够在现有条件下被执行的想法。

评价思维工具主要有两大类：

1. 在使用发散性思维的阶段就挑选出最具价值的想法，并且减少你需要处理的想法的数量。

2. 想法并不是方案，想法必须通过一步步地改良才能变成方案。对此，我们可以使用一系列的思维工具来达成这个目的。

评价思维示例

直觉的作用

你可能会经常听信一些专家凭借直觉做出的决定，或者你自己也有跟着感觉走的时候。当需要做出决定以及做出决定的复杂性达到某一程度时，我们就需要使用一些可以帮助我们节约时间或者减少决策复杂程度的策略。因此，依靠直觉做出判断是一个合理且有效的方法。

在与客户共事时，我们常常需要停下来判断哪些由团队讨论出的想法值得被进一步发展。

为了达成目的，专家常常会提出应该由谁来提出自己的观点。

在一个激动人心的合作项目中，诺贝尔经济学奖得主

Daniel Kahneman（丹尼尔·卡尼曼）和他在科研上的对手Gary Klein（加里·克莱因）共同得出了判断——在哪些情况下专家可以凭直觉作出判断，在哪些情况下不应依靠直觉作出判断。这个研究项目的核心观点概括来说就是，根本无法证明一个由直觉主导的方法的合理性。在一些案例中，依靠直觉做出决定是非常危险的。在创新中，尤其是在革命性创新的过程中更是如此。

在明确了专家直觉的意义后，Daniel Kahneman和Gary Klein循着Howard Simon（霍华德·西蒙）的脚步继续进行研究。Howard Simon根据自己对专家直觉的理解和研究写下了“基于记忆的认知”这一定义。对于初学者来说，他的理论能够揭开直觉那张神秘而又无法解释的面纱。

专家是指凭借自己的专业知识而与众不同的人。他们在某个领域拥有必备的技术和能力，并可以将它们以更高的水平运用起来。

根据Daniel Kahneman和Gary Klein的研究结果，专家想要跟着直觉进行判断需要两个必备条件：一是被判断的对象处于一个确定性很高的范畴之中。这个范畴内部存在着规律性的因果关系；二是决策制订者有判断这些规律的可能。首先，这些规律确实存在。其次，只有当一个人拥有足够的时间思考这些规律之后，他才能够获得足够的经验。最后，当事人的行为会得到反馈，正是这一行为使他们的方法和假设变成可能。

大楼的火势蔓延、疾病的传播都属于确定性很高的范畴中的事。大楼中的某些迹象可以表明结构性的损害正在发生；人们身体上的症状可以作为疾病产生的证据。

就政治或经济发展做出的中长期预测都属于确定性较低的范畴中的事。尽管有的时候进行类似预测的专家的运气比较好，但他们通常也会错过目标，因为他们没有足够的规律去获得可靠的预测。

就创新来说，直觉不应该成为决策的唯一依据，专家们也不应该凭借一个“有意思的直觉”去做出决策。通常情况下，这正是人们会迅速放弃许多具有潜力的想法，或者过度执着于一些不够好的想法的原因。

但与此同时，你不应该完全忽略你的直觉。理想的情况是，在我们想要依靠直觉对未来做出判断之前，应该使用清晰明确的标准检验想法是否合理，并且进行进一步的思考。

我在后面介绍了几个相应的方法。

筛选想法的工具

发散性思维是指思考出大量的备选方案，但其中大部分的想法都会被淘汰。尽管如此，我们也必须经历这一切，因为我们不知道哪些想法是好、哪些想法是我们会放弃的。

在使用聚合性思维时，我们的目标是筛选出最具价值的想法。在本书中，我们将在相应的章节中介绍一些常用的聚合性思维工具。在思考解决方法这一环节中，有一些专门为之设计的用来筛选想法的工具。接下来，我就为大家介绍其中的四个思维工具。

筛选想法在创意流程中的位置示例

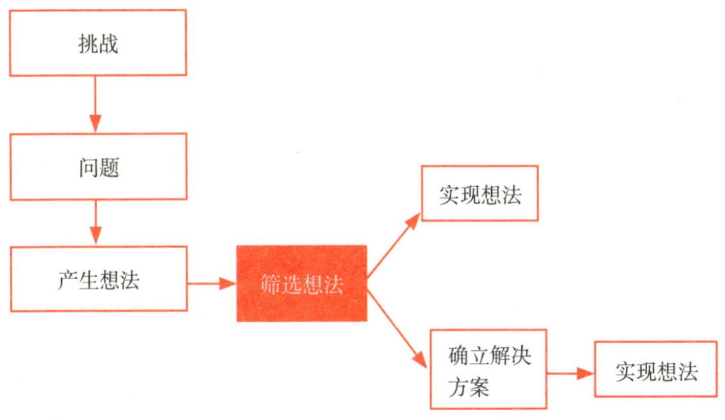

cocd box

功能：

在收集完想法后，我们就可以使用 cocd box 来初步筛选你想要进一步进行检查的想法。

流程模型中的对应环节：

创意解难：思考解决方法。

设计思维：思考解决方法。

系统创意思维：思考解决方法。

cocd box 的三种类型：

1.Now 型想法

并非完全原创，但是容易实施。

2.Wow 型想法

容易实施且高度原创。

3.How 型想法

高度原创且有前景，但是不太容易实施。

使用方法：

1. 为你自己或者每个参与者设定一个可以从每个类别中挑选出来的最大数量的想法，例如，每个类别最多挑选两个。

2. 在这些想法旁边用一种颜色的记号笔写下所需要的想法的数量。注意，只选取那些能够让你觉得振奋的想法。

3. 每一类想法要用不同颜色的记号笔进行区分，使用相应的颜色去标注对应的类别。

4. 现在可以一起讨论选择这些想法的原因，大家需要解释为什么做出这样的选择，以及为什么要把这些想法归入特定的类别。

使用建议：

1. 如果你是以小组的形式进行筛选，那么所挑选的想法数量应该要比你自己独自进行挑选所得到的数量要少。

2. 在进行讨论之后，使用类似于聚合法（见第 233 页）这样的思维工具，以内容为标准对这些挑选出来的想法进行分类。

cocd box示例

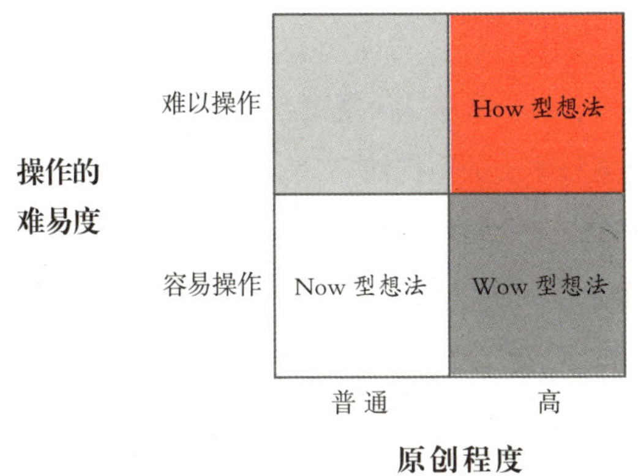

评价标准

本书中描述的思维工具，比如，评价矩阵（见第 182 页）、2×2 矩阵（见第 185 页）和 SCRUM 矩阵（见第 186 页），将会帮助你对想法进行详细评估。

这些思维工具都需要一系列的评价标准，而标准必须经过深思熟虑和建立在具体问题上进行评估。本章节给你提供了如何使用这些评价标准的详细方法。

流程模型中的对应环节：

创意解难：思考解决方法。

设计思维：思考解决方法。

系统创意思维：思考解决方法。

进行评价的三个步骤：

1. 可取性或用户利益

用户或消费者是否喜欢这个解决方案？

2. 可行性或技术上的可行性

这个方案在技术方面是否可行？实施的成本是否合理？

3. 经济效益

从经济的角度来看，这一方案所花费的成本是否值得？

设计思维模型会把消费者的利益放在最优先考虑的位置。如果不是这样，你甚至可以不必顾及其他的标准。但是依然有一些公司，他们首先考虑的是技术上的可行性。从这个角度来看，他们其实是在寻找一个能够适应技术解决方案的合适问题。从根本上来说，这三步都值得深思熟虑。

三个步骤中一些可能需要考虑的标准：

1. 用户利益

和现状相比，新方案是否能够提升用户的利益？

在实用性方面是否有提升？（通过数字展现）

目标群体中是否产生购买意愿？

从顾客的角度来看，这个解决问题的方案是否非常合适？

这个方法是否简单好用？

是否存在成本或价格上的降低？

2. 技术上的可行性

方案所需要使用的技术是否已经存在?

公司内部是否已经掌握了该项技术的使用方法?

掌握该项技术需要投资多少?

技术转型所需要的时间成本是多少?

发展该项技术的困难程度有多高?

3. 经济效益

目标群体有多大?

是否存在帮助公司节约时间和金钱的可能?

能够获得多少利润?

是否会给市场带来影响?

使用建议:

1. 尝试建立能够被彻底评估的标准，且不要描述标准之间的任何关联，例如，使用和成本之间的关系。对于一个小组来说，这样的标准往往难以进行评估，因为每个人对这个标准的理解都是不同的。

2. 所创建的标准只能评估一个方面的情况，而不能用来评估其他方面。一个类似于“技术上的可行性”的标准通常包括许多细化的方面。在评估过程中，小组中的单个成员会重视不同的方面。当这种情况发生时，比较结果将会变得困难许多。

3. 所制订的评价标准只能服务于一个独立于其他想法的单个想法。如果要分析不同想法之间的关联，可以使用平行比较分析（见第 188 页）这一思维工具。

评价标准示例

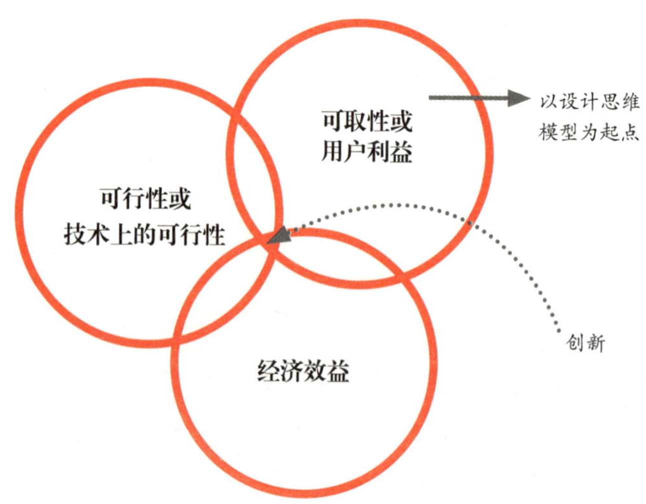

评价矩阵

你可以使用评价矩阵这一思维工具，根据你自己挑选出的相关评价标准，对大量选项进行系统性的评估。使用评价矩阵的目的（恰恰同决策矩阵相反）不是去筛选出一些选项，放弃剩余的选项，而是系统地对比这些想法，从而对这些想法的优势和劣势有一个宏观的了解。在接下来的步骤中，我们可以通过分析来优化劣势。

功能：

你可以使用评价矩阵来仔细评价之前挑选的想法，并且减少接下来需要继续进行分析的想法数量。

流程模型中的对应环节：

创意解难：思考解决方法。

设计思维：思考解决方法。

系统创意思维：思考解决方法。

使用方法：

1. 制订评价标准，把所有可能的评价标准列出来（使用发散性思维工具），并且列成问题的形式，例如，“花费将会低于1000美元吗？”“我们能够在两个月内完成吗？”，如果答案为肯定的，那么就意味着达到了标准。

2. 为你最想要评价的项目挑选最重要的评价标准。这个标准要具体且只针对评估内容的一个方面而不是整体。

3. 对每个评价标准，你可以使用3个表情进行评价：笑脸代表着肯定的评价，无表情的脸代表着中立的评价，皱眉的脸代表着否定的评价。要对每种表情所代表的意义下明确的定义。给“花费将会低于1000美元吗？”打上笑脸，意味着花费将会少于1000美元；一个无表情的脸意味着花费将在1000—1300美元之间；如果花费超过1300美元，就只能打上皱眉的脸。

4. 在绘制评价矩阵时，把想法放在行中，把评价标准放在列中。

5. 现在可以根据同一个标准逐行评价所有列出的想法，全部评价完成后，再进入下一个标准。

使用建议：

1. 在使用评价矩阵评价想法之前，可以使用类似于聚合法（见第 233 页）的方法整合想法，这样你就可以把相似的想法放在一起。

2. 在评价想法时，使用笑脸会比使用数字好。如果使用数字，最终你会去计算每个想法获得的平均值，并且许多人只会关注每个想法获得的总分。这样一来，一些可能具有很大潜力的想法，因为在某一个标准下获得的分数很低，我们就很容易淘汰这个想法。

3. 要把评价标准的数量控制在合理的范围内，比如，3—4 个就足够了。

4. 最后，你可以挑选一些有意思的想法，并且优化它们的劣势。

评价矩阵示例

	标准					决定		
选项	标准1	标准2	标准3	标准4	标准5	接受	需要调整	否决
选项 1								
选项 2								
选项 3								
选项 4								

2×2 矩阵

在你所选择的两个评价标准上，2×2 矩阵可以迅速形象地呈现出针对大量想法进行的评估概况。

功能：

2×2 矩阵可以对之前挑选的想法进行细致的评估，并且可以进一步减少需要继续进行处理的想法的数量。

流程模型中的对应环节：

创意解难：思考解决方法。

设计思维：思考解决方法。

系统创意思维：思考解决方法。

使用方法：

1. 绘制一个由四个区域构成的 2×2 矩阵。

2. 为你想要进行评估的想法确定两个标准（一个标准放在 X 轴，另一个标准放在 Y 轴）。在操作过程中，要明确挑选标准的意义，并且确保每个标准只用来衡量内容的一个方面。

3. 现在每个标准都有两个等级（强和弱），明确判断强、弱的标准。在做完这一步之后，你可以开始进行评估。

4. 现在，要用两个标准去检验每一个想法，考验它们的合理性。接着，你可以把这些想法的位置呈现在矩阵图上。那些真正有意思的想法最终将被生动地呈现出来。

使用建议：

还有一系列类似于 2×2 矩阵的著名矩阵模型可供选择。你可以根据自己的需求确定自己需要选用哪种类型的矩阵。

2×2 矩阵示例

如果我们这个部门生产一个产品，是否能够吸引顾客的兴趣？

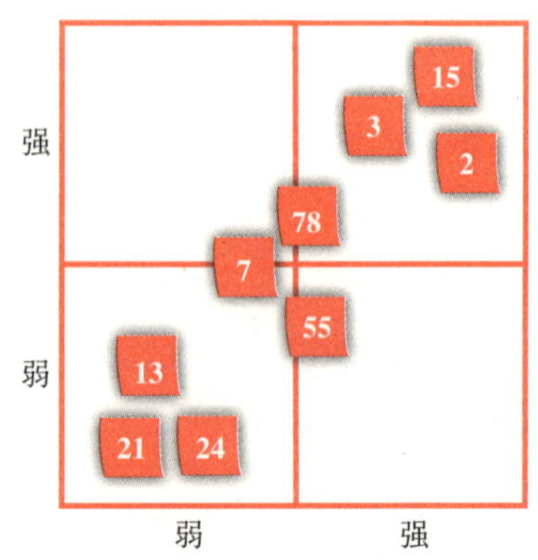

在未来是否会有一项特色技术？

SCRUM 矩阵

SCRUM 矩阵是 creaffective 公司结合 2×2 矩阵和软件开发中使用的 SCRUM 方法开发出的一种思维工具。当你需要对大量想法进行评估时，这个工具可以帮助你迅速了解所选择的这些想法的大概质量。

功能：

你可以在 2—6 个人的小组中使用 SCRUM 矩阵来评估大量之前挑选好的想法。SCRUM 矩阵能够帮助你减少需要进行处理的想法数量，进而可以把小组讨论的时间缩到最短。

流程模型中的对应环节：

创意解难：思考解决方法。

设计思维：思考解决方法。

系统创意思维：思考解决方法。

使用方法：

1. 绘制一个 2 × 2 或 3 × 3 的矩阵。

2. 根据你想要评估的想法，确定两个标准（一个标准放在 X 轴，另一个标准放在 Y 轴）。在操作过程中，要明确挑选标准的意义，并且确保每个标准只用来衡量内容的一个方面。

3. 现在每个标准下都有 2—3 个等级（低—中—高）。确定好一个标准下每个等级的具体定义，明确在什么情况下这个标准将被视作低、中或者高。

4. 小组中的每个成员都要挑选几个事先选好的想法，这些想法应该被写在便利贴上或者索引卡上，并把它们放置在矩阵中。小组成员要先理解这些想法，进而才能够把这些想法放置在它们对应的标准下。这个过程需要安静，不需要任何讨论。当所有的想法都被放置到矩阵图中后，这个环节就可以结束了。

5. 小组成员要仔细阅读所有想法，并且思考它们目前在矩阵图中所处的位置。如果小组中有成员不同意其他成员的想法，他们可以把便利贴倒置过来，把这个想法标示出来，这意味着这里存在着讨论的必要。

6. 完成上面的第 5 步之后，小组成员要讨论存在争议的位置的想法，成员需要阐述不同意现在位置的原因，以及说出他们认为应该把想法置于矩阵中的什么位置。之后，小组可以进行集体讨论，就想法在矩阵中的最终位置达成一致意见。

SCRUM 矩阵示例

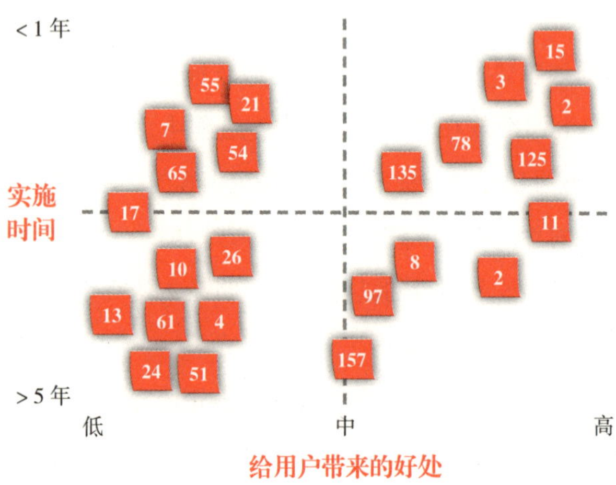

平行比较分析

平行比较分析是一个有效的聚合性思维工具，它能够帮助我们对比相互之间存在竞争关系的备选项，尤其当所有选项都表现出同等的重要性时。这是一个很有价值的工具，它可以帮助我们逐步把问题简化，从而更容易达成共识。

功能：

当你的小组在一些具有吸引力的备选项之间犹豫时，可以使用平行比较分析帮助其进行选择。

流程模型中的对应环节：

创意解难：思考解决方法。

设计思维：思考解决方法。

系统创意思维：思考解决方法。

使用方法：

1. 首先明确需要进行对比的所有选项或想法。

2. 需要明确的是，你需要使用同样的标准去比较所有的备选项，例如，重要和不重要、可能和不可能。注意，这些想法之间不能重合，它们之间应该彼此独立。

3. 使用表格（见第 190 页插图）对每个想法和其他所有想法进行比较。比较的时候要逐行逐列地看过去。在比较两个备选项时，首先要确认哪个选项更重要，接着要确定的是重要性（例如，1= 比较重要，2= 重要，3= 十分重要）。

4. 把所有得分相加来计算每个备选项的最终排名。

使用建议：

这个思维工具的适用性非常广泛，例如，它可以运用在评估标准的重要性、选择需要解决的问题、筛选想法、挑选项目或者人员上。

示例：

下面的表格是某公司在确定市场活动方案的优先级。

平行比较分析示例

A = 出版书籍　　　　　　D = 创建“脸书”公司页
B = 投放广告　　　　　　E = 在杂志上发表文章
C = 优化网站

	选项A	选项B	选项C	选项D	选项E	总和
选项A		A1	C1	A2	E1	A=3
选项B			C1	B2	E3	B=2
选项C				C3	E2	C=5
选项D					E3	D=0
选项E						E=9

确立解决方案的工具

当我们选择了最具价值的想法之后，下一步就是要把这些想法转变成更为具体的措施。很少有想法可以马上当成方案实施的。如果发生了这样的情况，你可以直接跳到情境思维（见第 207 页）这一章节并进行下一步的行动。

例如，你在思考如何装修办公室才能让办公氛围更加鼓舞人心。你选择的其中一个想法是把墙壁刷成黄色。这就是一个你马上可以实施的想法。因为你很容易落实这个想法。

然而，在更多情况下，你需要在开始实施想法之前花更多时间思考如何把它们变得更加合理。根据不同的任务情况，这里我们也提供了一系列可以帮助你进行这一步骤的思维工具。下面我们就会对这些思维工具进行介绍。

确立解决方案在创意流程中的位置示例

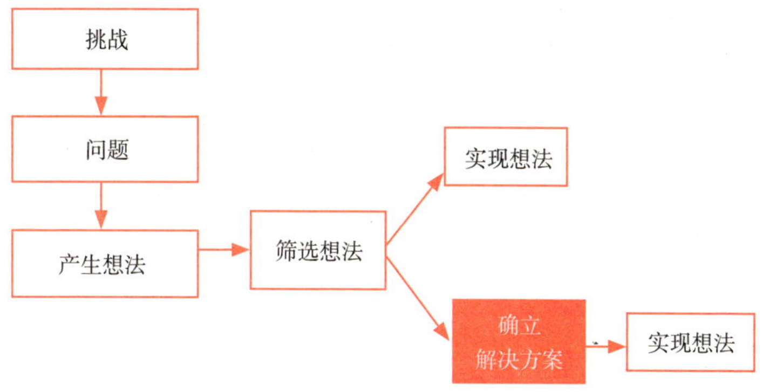

模型法

模型法是对一个想法的概况推测，我们使用它来推测这个想法未来的最终形式。模型法的目标是把一个想法变得具体，从而尽可能快速简单地就这个想法落实下来，并优化想法。模型可以有不同的质量等级和复杂程度，从简单的图像绘制、乐高积木、线形模型，到质量更高的模型——几乎无法分辨出它和最终产品的区别。

模型的类别：

模型可以被归到下面这些类别中，也可以是下述类别的结合。

1. 功能相似

一个模型应该具备对应产品或技术的功能。

2. 运作相似

一个模型应该呈现出对应产品、服务或商业模式的运作情况。

3. 外观相似

一个模型应该和对应产品的外观保持一致。

流程模型中的对应环节：

创意解难：确立解决方案。

设计思维：创建模型。

系统创意思维：确立解决方案。

使用方法：

1. 对你的初始想法进行加工，这些想法可能只是几个字或者一句话，现在请用 30—40 分钟的时间把它描述得更加具体。

2. 和其他发散性思维工具类似，在最初的阶段要确保创造出不止一个版本，这样你就可以从不同的版本中获得反馈。

3. 收集每个版本的反馈，把这些版本介绍给其他成员，并且让他们测试这些模型。这样做的目的是，你可以了解他人是否理解你的想法背后的原理，而不是急于证明这个想法的合理性。

4. 根据你的想法类型，你可以决定呈现模型的最佳方式，例如，为软件使用虚拟机、为产品使用模型、为服务使用角色扮演等。

5. 最后，你需要重复以下流程：测试、根据反馈意见进行修改、在细节上创造更多差异。

使用建议：

1. 在初始阶段，不要排斥使用一些基本而简单的模型创建方式，例如，使用黏土、手工材料，甚至使用绘图的方式来搭建模型。许多公司都认为模型必须是非常精致的，但精致的模型只会出现在整个创新环节的最后阶段。

2. 除此之外，你应该快速收集模型的反馈，紧接着要在反馈的基础上对模型进行相应的修改。对模型的使用要根据“就算失败，也要尽快收场，减少损失——低成本失败”的原则进行。

3. 你可以把模型法和本章中介绍的其他思维工具进行结合，例如，PPCO 模型（见第 199 页），进而不断完善你的模型。

原始案例

在管理 creaffective 公司的过程中，我们注意到那些没有预先在思想上做好准备的小组，通常会在呈现想法的开始就陷入僵局。最近几年，我们开发出了一些有助于形成解决方案的模式。

流程模型中的对应环节：

创意解难：确立解决方案。

设计思维：创建模型。

系统创意思维：确立解决方案。

常见的指导性问题：

下列问题可以帮助你更好地理解几乎所有类型的想法。

1. 用户或消费者是谁？ 描述目标群体。

2. 这个方案有哪些好处？列出该方案的功能、特色和细节。

3. 你如何呈现这个方案或者它是如何运作的？对方案进行大致的描述。

4. 用户如何与方案进行互动？ 描述或者把互动的方式用流程图、地图或图表的方式进行展现。

5. 实施这个方案需要哪些资源？列出实施方案的所有要求。

特殊的指导性问题：

根据你提出的想法的类型，以及一些额外的补充细节，你可以创造一个具体的方案。

1. 针对产品和服务

描述市场及市场环境。

存在哪些竞争产品？

有哪些相关的分销渠道？

市场将会是什么样的？

2. 针对活动组织

在何时何地组织活动？

活动将要持续多长时间？

活动需要多少参与者？

3. 针对流程和步骤

存在哪些内部要求或需求，或者哪些内部障碍？

谁支持这些改变？

有哪些流程是可以省去的？

4. 针对商业模型

哪些方式可以创造利润？

有哪些对口的市场和分销渠道？

有哪些人员可以帮助我们？

商业模型图是一个非常适用于商业模型的思维工具。

使用方法：

1. 选取你的初始想法，尽管它可能只是几个字或者一句话。

2. 使用常见指导问题帮助你深化对初始想法的理解，在过程当中，可以同时使用发散性思维和聚合性思维。

3. 必要的情况下，使用特殊指导问题来帮助你深化理解。

使用建议：

你可以把这一方法和本章中介绍的其他思维工具进行结合，例如，禅意表达（见第 196 页），进一步优化你的方法。

禅意表达

禅意表达是对方案的主要特点和优势进行简要概括，我们使用它来激起读者或听众的兴趣。

功能：

在落实想法的时候使用这个思维工具。我们可以在初始阶段使用它来概括方案的初始方向，也可以在最终阶段来概括这个方案的核心。

流程模型中的对应环节：

创意解难：确立解决方案。

设计思维：创建模型。

系统创意思维：确立解决方案。

基本结构：

禅意表达要遵循的结构：针对目标客户的具有核心优势的产品或服务介绍，它所具有的核心优势可以代替现有的方案。（带下划线的地方为需要填充的具体内容）

使用方法：

1. 按照基本结构为你的想法写下一个最初版本的禅意表达。

2. 尝试寻找一系列可以代替这个表达的方法，使用发散性思维去思考禅意表达中的每个构成部分。

3. 从每个组成部分的备选项中挑选出最佳内容，组成一个最终版本。

使用建议：

你可以在确立解决方案的初始阶段使用禅意表达，来帮助你确立一个大致的工作方向。当你结束了其他环节，并且发现了更多细节时，可以对最初的版本进行修改，不断优化禅意表达。

示例：

迪士尼公园的禅意表达：一个针对家庭的能够提供游乐设施和食物的娱乐性的主题公园。它的核心优势是，可以代替公园、沙滩，以及其他类似的场所。

在使用不同的方式来表达构成部分后进行优化，最初的版本被调整成了：一个服务于儿童及其他所有年龄段的人，且能够让朋友或家人走得更近的，不同于其他独家胜地的游乐园，你将在此拥有终生难忘的回忆。

“疯狂的 8”

“疯狂的 8”这个思维工具可以让小组成员在较短时间内将一个想法发展为许多方案。这个方法与众不同的地方并不是它能够想出的方案数量，而是它的速度。

功能：

“疯狂的 8”的功能：把一个粗略的想法转变为尽可能多的具体方案；逐步对备选方案进行细化或进一步发展。

流程模型中的对应环节：

创意解难：确立解决方案。

设计思维：创建模型。

系统创意思维：确立解决方案。

使用方法：

1. 小组中的每个成员都要拿出一张纸，接着把这张纸对折3次，这样你将获得一张被分成了8个小长方形区域的纸，你可以在其中写出8种可能的方案或者8个不同的版本。

2. 计时5分钟。每个人在每个格子上花费的时间只能为40秒。在使用过程中，你可以决定使用草图或是文字的方式来展现可能的方案。

3. 计时结束时，每个人要展现并讨论最终的结果。

使用建议：

使用类似于望远镜法（见第230页）这样的思维工具去挑选和讨论最佳方案。接下来，再对挑选出来的方案进行进一步的讨论、制订，并且把它加入小组的总体构想中。

“疯狂的8”示例

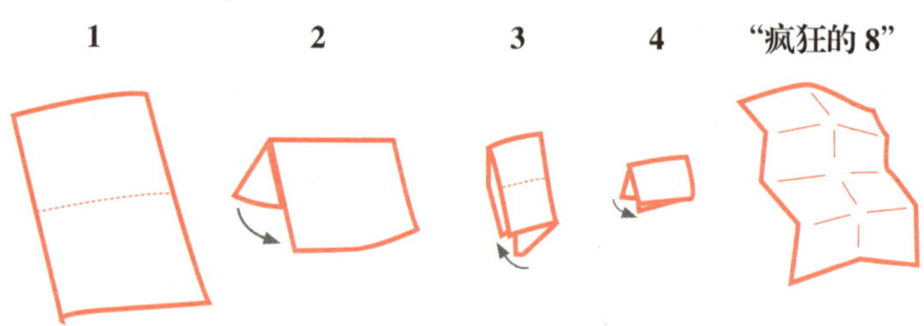

PPCO 模型

PPCO 模型是一个用来判断和进一步发展新想法的“四步式”思维工具。这个工具可以让你在不“贬低”一个想法或它的创造者的基础上，对积极方面和消极方面进行思考。同时，它也会阻止你快速否定一个建议。

PPCO 模型代表着 pluses（有利因素）、potentials（潜力）、concerns（担忧）和 overcome concerns（克服担忧）这几个方面。

功能：

PPCO 模型适用于分析及改进想法、对他人的工作或行为进行反馈、向他人介绍新想法，并说服他人来欣赏这些想法的时候。

流程模型中的对应环节：

创意解难：确立解决方案。

设计思维：创建模型。

系统创意思维：确立解决方案。

使用方法：

使用下面四点进行反馈或者提出想法。

1. 有利因素

这个想法、建议或者工作中有哪些你喜欢的地方？这里要保持诚实，列出至少 3—5 个点。

2. 潜力

你可以从这个想法中发展出哪些东西？你看到了哪些可能

性？列出至少 3—5 个点，使用“可能会……”开头。

3. 担忧

列出所有让你担忧的事项。把所有让你担忧的事项用开放式问题的形式罗列出来，而不是陈述句的形式，例如，“我们如何才能避免这个方案花费太多？”

4. 克服担忧

仔细挑选出最让你担忧的事项，对于每一个挑选出来的事项，写出 10 种有助于克服担忧或解决问题的方法。从你列出的解决方法中，挑选出最佳方案并且根据它重新修改你的最初想法。

示例：

想法：我们将要进行为期一个月的轮岗计划，以增强部门之间的合作。

1. 有利因素

员工可以更深入地了解其他部门的工作；参与者可以就部门的情况交换意见；参与者可以认识新的同事；参与者可以理解其他部门的立场，并知道它们所面临的问题；提供了一个学习新事物的机会。

2. 潜力（可能会……）

在公司内部进行更好的知识管理；在公司内部给参与者带来新的职业机会；把交换变成常规事项；为公司带来新的想法和更好的解决问题的方案。

3. 担忧（我们如何才能……）

我们如何才能确保不影响相应部门正在进行的工作？找到足够多的有上进心的参与者？我们如何才能确保参与者认真对待这个计划？我们如何才能获得上级的支持？

4. 克服担忧

我们如何才能确保不影响相应部门正在进行的工作？

想法：制订长期计划，把相对较轻、独立的任务交给实习生；组织参与轮岗计划的员工每周开一次例会来讨论遇到的困难；提前把工作内容发放给员工；额外雇用人员；为过渡期做好计划；把需要进行的工作事项写成一篇大家都可以看到并允许修改的文章，然后发布在网络上；让每个部门的领导填写计划表；每个部门每次只能派遣一个人参与轮岗计划；确保参与交换的人员之间可以定期进行交流。

我们如何才能找到足够多的有上进心的参与者？

想法：以志愿者的形式参与；员工必须报名参加这个项目；轮岗计划会考虑参与者的目标；轮岗计划会考虑部门的目标；进行选拔面试；由团队来决定是否接纳这名新同事；通过强化进行这个项目的初衷，来明确我们想要哪种类型的员工；参与者必须撰写一份最终评估报告；可以提供奖金，但是只提供给优秀的参与者。

PPCO 模型示例

你喜欢这个想法的哪些方面？

这个想法在未来可以有怎样的发展？

你有哪些担忧？

你如何克服这些担忧？

发散性思维　　**聚合性思维**

NABC 模型

NABC 模型代表着 needs（需求）、approaches（方法）、benefits（优势）和 competition（竞争）。这个思维工具原来是帮助工程师对方案的技术标准，以及其他影响方案成功的因素进行思考的。

功能：

1. 为产品和商业模型创造一个经过深思熟虑的概念，这些概念同时也考虑到了周围的环境。

2. 向他人介绍新想法。

3. 通过使用 NABC 模型来展示想法的价值，从而让人们信服。

流程模型中的对应环节：

创意解难：确立解决方案。

设计思维：创建模型。

系统创意思维：确立解决方案。

使用方法：

选取一个现存的想法，尝试着对它进行细化，按照下列问题来逐步改良它。

1. 需求（顾客视角）

这个方案可以满足顾客或者市场提出的哪些关键性需求？

2. 方法（方案）

为了满足顾客或市场的需求，这个方案应该具备哪些特色？对此，你可以描述所需要的技术流程。

3. 优势（价值）

这个想法能够为消费者带来哪些量和（或者）质上的改变？

4. 竞争

我们的竞争对手是谁？这个方案将会给竞争带来哪些变化？

使用建议：

1. 首先，制订出详细的解决方案，这个方案要代表这个想法的核心，之后再制订出其他的方面。

2. 结合 PPCO 模型，罗列出可能存在的缺点。

NABC 模型示例

商业模式画布图

Business Model Canvas（商业模式画布图，简称 BMC）是一个可以用来分析、描述商业模型并思考新思路的视觉工具。

功能：

BMC 能够快速简洁地描述商业模型，并且可以帮助我们初步理解商业模型。这个工具为商业模型的呈现提供了一个可视化框架。

流程模型中的对应环节：

BMC 可以被运用于创意流程的众多步骤中，我们可以用它来分析商业模型，并且在此基础上发展新的思路。

创意解难：评估形势、明确挑战、思考解决方法、确立解决方案。

设计思维：理解问题、思考角度、思考解决方法、创建模型。

系统创意思维：思考形势、预估挑战、思考解决方法、确立解决方案。

使用方法：

1. 从网站上下载一份 BMC 模版，或者使用类似于 Canvanizer（http://canvanizer.com/）的在线工具。

2. 每个区域都要进行填写。推荐使用便利贴，这样你就可以轻松修改你的模型。

3. 根据你使用 BMC 的原因，在形成基本的商业模型之后，你才可以对细节部分进行分开处理，使用这个工具的初衷是帮助你了解一个商业模型的概况，而非细节。

使用建议：

1. 在使用 BMC 扩展思路去创建新的商业模型时，你应该同时思考出大量的备选项（使用发散性思维），之后再决定去深入发展其中的一个或多个选项（使用聚合性思维）。

2. BMC 可以和圣加仑大学创立的商业发展模型（见第 170 页）这一思维工具完美结合，并对不同的商业模型进行视觉化处理。

示例：

下面的商业模型图展示了creaffective公司的商业模型。

商业模式画布图示例

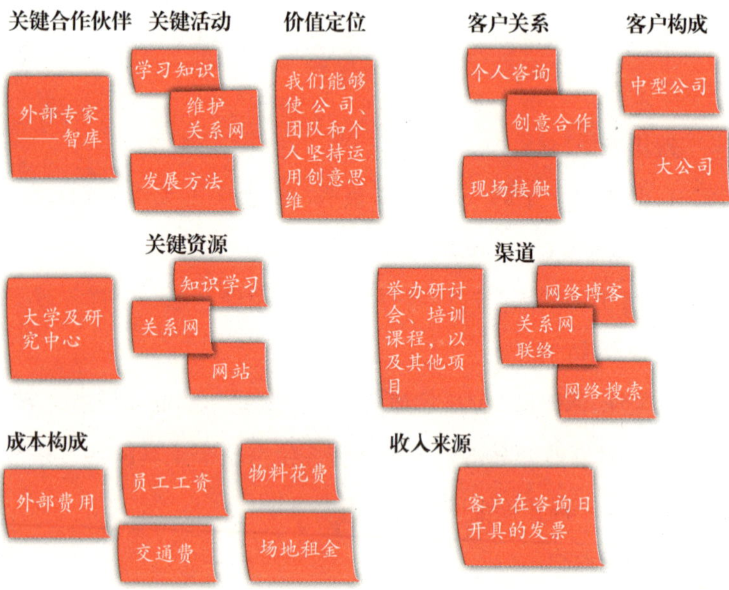

六、情境思维

我们使用情境思维去掌握大环境，它可以帮助我们更好地找到大环境中哪些因素有助于计划成功、哪些因素不利于计划成功。

当你长期思考一个想法或者一个方案时，会陷入对这个想法的迷恋之中，以致于进入精神上的“视野狭隘”状态。你无法理解为什么有人会不认为你的想法是一个好主意。在这种情况下，你就非常需要使用情境思维这一思维工具。

在情境思维的帮助下，你会开始留意周边的环境和人。你会开始采用更广的视角来判断参与其中的人对待新方案的态度是积极还是消极。如果你获得的态度是消极的，接下来你就要去影响他们，让他们信服这个方案，或者去调整方案本身，使它们可以变得容易接受。

情境思维可以帮助我们增加新方案的成功概率。

情境思维示例

助推者和阻碍者

我们可以使用助推者和阻碍者这一思维工具来准备行动方案。首先，我们要列出一系列可以影响方案实施的支持因素（助推者）和阻碍因素（阻碍者）。对于阻碍者，你需要找到能够减小它们负面影响的方法。

功能：

助推者和阻碍者这一思维工具适用于以下情景：你忙于思考一个解决方案，但是并没有太多时间去思考大环境本身时。这种情况常常出现在思考技术上的解决方案时，因为在思考这类方案时，我们往往首先考虑的是从技术层面上解决问题。

在大型公司使用这个方法也有许多好处，尤其是当许多人和部门共同设计一个解决方案时，使用这个思维工具可以帮助我们预判可能会在方案实施过程中发生的摩擦，并试图将它最小化。

流程模型中的对应环节：

创意解难：调查接受度。

设计思维：创建模型。

系统创意思维：调查接受度。

使用方法：

1. 在使用这个思维工具时，需要同时使用发散性思维和聚合性思维。首先，通过 5 个 W 和 1 个 H 这一思维工具来尽可能多地发现助推者和阻碍者。

	助推者	阻碍者
是谁（个人或团队）		
是什么（资源、态度、流程、政策）		
何时（最佳时刻）		
何地（地点）		
为什么（支持或者阻碍想法的原因）		
如何做（行动）		

2. 在列出助推者和阻碍者之后，使用聚合性思维挑选出最重要的助推者和最难对付的阻碍者。

3. 对于重要的助推者，要思考如何让它们更好地支持你的方案。

4. 对于难以对付的阻碍者，要使用发散性思维思考出更多的办法来减少它们的阻碍。

5. 当你进行下个步骤时，要使用最有效的方法来保持对这些因素的思考。

使用建议：

1. 如果你使用过 PPCO 思维工具去塑造你的想法，就会发现当时在“担忧”这个环节出现的阻碍因素，在这里会再次出

	助推者
是谁	•记者 •博客作者 •客户（从我们这里获得了一本赠书） •贸易博览会的参与者 •研讨会的参与者 •书评人
是什么	•creaffective的博客 •社交网络
何时	•夏季媒体的萧条期 •跟随我们新闻简报的派送
何地	•亚马逊网站 •我们的研讨会 •贸易博览会及其他活动地点
为什么	•口袋大小的书籍 •版面和设计 •所有流程模型的方法都尽收其中
如何做	•赠给客户一本作为礼物

现。当你在使用这个思维工具时，不要把思路仅仅局限在阻碍者上，还要尝试着发现你可以运用的积极因素。

2. 一个因素可能既是助推者，也是阻碍者。

示例：

我写了这本书，并且想把这本书尽可能成功地引入市场。

	阻碍者	对阻碍者的方法
	•没有从中发现新意的记者 •负面的评论	•给经过挑选的编辑们寄送一本书，并附上一封解释本书原理的说明信件 •给曾经刊发过我们作品的报纸写信
	•价格过高 •如果我们大批量寄送给评论者的话，要花费高昂的邮资	•首先以电子书的形式来发送第一版，接着再按照受欢迎程度来递送纸质版 •递送给经过挑选的客户 •根据需求递送给评论者
	•圣诞周（不太应景）	
	•传统的书店不会销售我们的书籍	
	•不会有人愿意阅读这样的一本归纳了太多方法的书	•强调这本书是如何作为一本工具书诞生的

事前检验

事前检验这个思维工具来自对凭直觉制订的决策的研究。在我们完全抛弃一个想法之前，我们使用它来预估方案实施过程中潜在的问题。通过在大脑中模拟，我们可以发现一个方案中潜在的阻碍因素，并且在接下来尝试去消灭它。

功能：

事前检验的方法可以帮助你在给一个重要方案亮绿灯之前，思考潜在的致命性问题，你要从最开始就考虑到这些可能性，虽然这些麻烦很有可能不会出现。但团队应该采用事前检验的思维工具来推测——到目前为止，还有哪些障碍仍然存在于思考创意和寻找方案的过程中。

流程模型中的对应环节：

创意解难：调查接受度。

设计思维：进行测试。

系统创意思维：调查接受度。

使用方法：

使用下列方法在小组内进行事前检验。

1. 惨淡收场

想象你正在通过一个水晶球预知未来。在迷雾中，你看到了所采用的方案带来了灾难性的结果，现在请自问："是什么造成了这样的结果？"

2. 思考造成灾难的原因

每个参与事前检验的小组成员都要花几分钟来独立写下这个方案带来灾难性结果的原因。这样一来，每个参与者都会遵循自己的直觉并且写下他们脑海中出现的全部可能。

3. 比较原因

接下来，要比较并分析所有参与者列出的原因，把它们汇总成一份概况。为了实现这个目的，每个人都要把自己写下的原因朗读出来。现阶段不要进行评价，每个人应该注意去听别人的想法。

4. 找出最严重的原因

使用聚合性思维去明确最具危险性的问题。

5. 寻找能够解决问题的方法

小组成员要再次使用发散性思维，就确认的问题思考所有可能的解决方案。对选项进行筛选，以发现最具价值的想法。

6. 修改最初的计划

把第 5 步中产生的想法变成具体的方案。

使用建议：

1. 在事前检验这一思维工具下产生的结果可以每隔一段时间就被拿出来讨论一次，这些结果需要在实施整个方案的过程中不断被回顾。

2. 这个方法的初衷不是要终结或者毁掉一个计划好的方案，而是要在明确了可能出现的错误之后，进行建设性的工作，以为未来可能发生的突发事件做好准备。这一点要在最开始就得到明确。

3. 所列出的可能失败的原因应该要排除掉具体的数量和精确的发生率。这个环节不需要对数据进行详细的讨论。

利益相关方分析

利益相关方分析为我们提供了批判性地分析既得利益者的思维工具，这些既得利益者可能会对方案的实施带来消极的影响。

功能：

利益相关方分析适合在方案实施之前使用，尤其当一群掌权人占据主导时。这种情况通常发生在大型的组织中，例如，股份有限公司。

流程模型中的对应环节：

创意解难：调查接受度。

设计思维：进行测试。

系统创意思维：调查接受度。

使用方法：

下列方法将会逐步指导你如何使用利益相关方分析这一思维工具。

1. 思考现有的利益相关方

使用发散性思维列出一个利益相关方清单。

2. 列出名单

明确最相关的对象，这些人的支持对你来说非常重要，他们的反对意见将会影响整个方案。

3. 标注出每个利益相关方的位置

在一个有 5 个标准的图表上，依据你的方案情况对利益相关方做出评价，并在标尺上标注出他们的位置。标尺可以从“坚决反对”到“非常支持”。（见第 216 页插图）

4. 标注出我们所需要的每个利益相关方的位置

以计划得以顺利实施为基准来估计每个利益相关方应该处于的最低位置。

5. 思考应对策略

对于每个实际所处位置与所需位置中有差距的利益相关方，要使用发散性思维再次思考如何才能改变他们所处的位置。

6. 确定你的策略

最终，从你列出的策略清单中精选出一些能够改变这些利益相关方位置的策略。

使用建议：

务必关注最为重要的利益相关方，你列出的名单不得超过 10 个人或者 10 个团体。

利益相关方分析示例

利益相关方	坚决反对	一般反对	中立	一般支持	非常支持	必备策略

× = 现有支持　　○ = 必须支持

假设检验图

假设检验图是一种可以帮助你核实或质疑想法和方案的核心假设的思维工具。通过使用这个工具，你能够为检测流程创造一份记录文档。这个思维工具最初由精益创业（Lean Startup）

方法论的创建者 Eric Ries（埃里克·莱斯）创建，为的是测试各类软件的使用效果。

功能：

当你已经确立了方案，并且想要测试一下它的基本效用，这时就是使用假设检验图的时候。你可以根据使用这一工具获得的结果来决定是否继续推进这个方案，抑或修改它还是放弃它。

基本结构：

想法名称、批判性的假设（为了让方案奏效，哪些条件必须真实）、实验（我们如何测试假设）、期待的结果、测试开始日期、测试时长（用了多少天或多少个月）、测试数量（需要多少人参与采访或测试）、积极反馈的总数、消极反馈的总数、确定方案或反对方案、结果（测试的结果是什么、接下来的步骤是什么）

流程模型中的对应环节：

创意解难：调查接受度。

设计思维：进行测试。

系统创意思维：调查接受度。

使用方法：

1. 推导出能够影响你的方案成功的最核心的、最关键的假设，例如，人们已经做好了进行在线心理咨询的准备。

2. 确定你认为可以进行测试的核心假设，例如，对用户进行定性采访，同时也对网站的点击率进行定量分析。

3. 接着要对定量分析的结果反映出的问题进行思考，从而确定是继续采用这个想法，还是调整和修改方针，或者干脆放弃它。

4. 对假设进行测试。测试的精准度取决于你所进行的测试类别。当你进行了大量的测试之后，要对记录的结果进行评估，进而确定这些结果是否符合你的既定标准。

5. 对每一个步骤进行详细记录非常重要，这样你就可以追踪到每个数据，这些数据都是你不断调整想法过程中的基石。

使用建议：

根据想法和测试的类型，测试的最小数量值之间的差距可能会非常大。在一个 B2B（企业与企业之间的交易）的情境中，和潜在客户进行交谈可能就足够了。对于一个必须经过调整以适应终端客户需求的产品而言，你可能需要收集成百上千条反馈。

假设检验图示例

关键假设	测试类型	测试结果	定量结果	结果
假设1	采访	20%接受	15%接受	不满足
假设2	A–B测试（测试优化）	200次点击	250次点击	满足，可以提高价格
假设3	使用新定价的A–B测试（测试优化）	200次点击	210次点击	满足

七、战术思维

战略思维关注的是长期发展的大方向上的计划，而战术思维关注的是可以在中短期或者较长时期进行的微小的、具体的且可掌控的步骤。

战术思维往往在具体的方案和策略已经确定了之后使用。在创意思维流程的终端，在把想法和方案具体实施之前，使用战术思维来检验行动的有效性至关重要。

你已经做好了充足的准备，是时候开始行动了。正如谚语所说："一鸟在手胜过双鸟在林。"现在已经拥有一个不错的方案要胜过明天才能拥有的完美方案。在使用战术思维之后，你将拥有一个完整的、具体的且具有可行性的行动计划。

战术思维示例

方法示意图

方法示意图是一个能够帮助你创建一个充满逻辑性的、具有行动计划系统的战术思维工具。在使用这个思维工具时，我们要专注于回答一系列的“怎么样”的问题，从而明确行动中的关键因素和具体步骤。

功能：

方法示意图可以被用作一个行动计划的备选项，但是它也同时可以被用来支持现有的计划。这个思维工具可以帮助我们给看起来非常粗糙的方案计划增加更多的细节。当你构思出一个方案，却不知道最佳的实施方法时，也可以使用这个方法来帮助你明确方向。使用方法示意图的同时需要使用发散性思维和聚合性思维。

流程模型中的对应环节：

创意解难：制订计划。

设计思维：没有明确的对应。

系统创意思维：制订计划。

使用方法：

1. 写下你打算采用的想法、方案或措施。

2. 不断问自己“如何开展？”，并且在你的方案旁边写下所有可能的操作步骤。通过使用发散性思维写下尽可能多的操作方案。（见第 221 页插图）

3. 接下来要思考第二个等级的方案。对于每个点下面的行动步骤，要反复思考“如何开展？”，并且在每个步骤旁边写下所有可能的操作细节。在这一步中，你同样需要使用发散性思维。

4. 持续思考并回答“要怎么做？”这个问题，直到每个行动步骤都获得了一个符合逻辑的结论。

5. 最终，使用聚合性思维，从你思考出的行动步骤中挑选出最相关的方案。

使用建议：

1. 在不同思考层级之间绘制连接线。

2. 理想的方式是不使用电脑，在罗列每个步骤下的行动时，最好使用便利贴，这样在之后进行调整的时候会更方便。最好把每个列出的步骤都核查一遍。

方法示意图示例

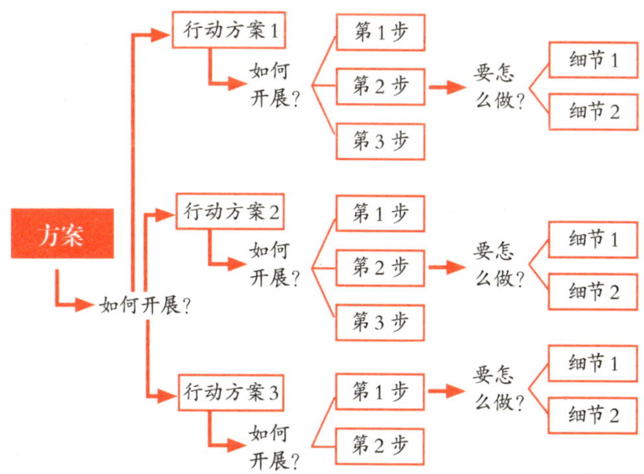

制订行动步骤

在制订行动计划时，我们使用发散性思维来确定在实施计划过程中需要的所有步骤，同时避免遗漏任何步骤。接着，我们要使用聚合性思维来确定其中最为重要的步骤，并且把它们列入计划表中。

功能：

行动计划基本上是在一个创意计划流程的结尾才开始产生效用，进而保证既定的方案得到有效落实。通常的情况是，创意计划的开展历时较久，这时我们可以在每个环节结束之后就制订相应的行动方案，并且把这期间需要做的事项确定下来。

流程模型中的对应环节：

创意解难：制订计划。

设计思维：没有明确的对应环节。

系统创意思维：制订计划。

使用方法：

1. 给行动方案列出明确、简单的最初步骤，从而打开局面，并且开始执行你的方案。

2. 选择你计划中的最初行动步骤，在这个步骤下面写下“是什么”，例如，“把这个计划告知同事”。

3. 在每个“是什么”后面都会接上一个具体的“怎样做”，例如，“写一封邮件，并且解释其中最为重要的内容。”“怎样做”被描述得越具体，就越容易被执行。

4. 把前面的行动步骤写入表格，并且逐步填满表格，直到行动计划基本完整。

使用建议：

1. 在“有多明确”这一列中，要尽可能多地写下细节。你的计划越空洞，或者越抽象，例如，思考出概念，就越容易导致行动被搁置，或者相关执行人会推迟执行，因为具体的要求并不明确。

2. 如果你在小组内制订行动计划，要在“谁来负责”这一列中写下具体的名字而不是“整个团队”，或只是写下职务名称。这样做有利于后面的责任分配。出现在这一栏中的人对这一步的完成负有责任，但是并不意味着他们要独自实施行动。

3. 在“何时截止”这一列，要确定一个具体的日期，而不是“在今年年底之前”或者“待定”。尤其当使用电脑生成行动计划时，这一点尤为重要。这样一来，就可以按照日期来分配行动计划。

4. 如果你正在一个团队中参加创意或创新研讨会，在此过程中，你可能会想把团队产生的想法融入计划之中。因此，在开始进行方案计划这个步骤时，你可以添加一条“想法”列。对每个你想要实施的想法，都需要写下简要的概况和接下来的步骤。

制订行动步骤示例

想法	是什么	有多明确	谁来负责	何时截止	向谁汇报

动量矩阵

我们使用动量矩阵这个思维工具来估计实施计划过程中的推进情况，从而帮助我们做出一些调整。我们通常在开始执行一个方案之后开始使用动量矩阵。

有许多公司在执行创意方案时出现了问题——在尚未理解这些想法之前，他们就深陷泥潭。动量矩阵这一思维工具可以帮助我们克服这种情况。通过使用这个工具，我们会发现那些毫无进展的部分，并且把注意力转移到保持动量之上。提出动量矩阵这一思维工具的灵感来自类似的物理概念——动量。

功能：

动量矩阵这一思维工具有助于我们在实施过程中发现产生动量的部分，并且判断如何让这种动量可以持续下去。这一步骤要在方案实施之前进行。

流程模型中的对应环节：

创意解难：制订计划。

设计思维：没有明确的对应环节。

系统创意思维：制订计划。

动量矩阵的三个项目：

1. 能够投入到实施中的资源。

2. 展开这项工作的速度。

3. 接下来的发展方向。

使用方法：

1. 仔细思考你的方案和既定的措施。

2. 对现状进行评估，在评估时要考虑3个变量——资源、速度和方向。

3. 为每一项的发展创造机会，并且根据具体情况作出相应调整。

使用建议：

每隔几周或几个月就要重复对动量进行积极性的评测，以此来判定推进过程中方案的质量。

动量矩阵示例

资源	速度	方向	动量
+	+	+	最佳动量
+	+	−	陷入混乱
+	−	+	缓慢增长
−	+	+	自力更生
+	−	−	停滞
−	+	−	工作繁忙
−	−	+	好的预兆
−	−	−	没有动势

我的笔记

第四章 常见的聚合性思维工具

本书介绍的创意流程中的相关步骤，分别归到了发散性思维和聚合性思维这两个部分中。在每个环节中，我们会广泛收集备选方案，不做出任何评价，而在下个步骤中，我们会筛选出最有价值的方案。

尽管每个环节都有不同的关注点，还有一系列你可以在任意一个创意流程的环节中使用的工具，它们可以帮助你完成需要使用聚合性思维的部分，但在每个步骤中，你都会对数据进行分类，以及对想法进行整合。下文中介绍的方法将会帮助你综合评价既有的众多选项和备选方案。

一、望远镜法

望远镜法是一个适合在团队中运用的思维工具。我们用它从众多备选项中挑选最佳、最有趣、最重要的方案，并且把这些方案变得清晰可控。无论你正在思考的是想法、背景信息还是处理问题的方法，望远镜法都适用。

功能：

望远镜法适用于需要从大量各类选项中筛选信息的时候。它也适用于本书中提及的所有创意流程。

流程模型中的对应环节：

创意解难：所有步骤。

设计思维：所有步骤。

系统创意思维：所有步骤。

望远镜法的三个步骤：

1. 在可控范围内挑选选项。
2. 倾听并了解。
3. 挑选出关键的少数。

使用方法：

1. 从你想出的众多方案中，挑选出你接下来会继续进行的最佳方案。我们可以按照下列标准来筛选出数量在可控范围内的选项，如重要性、可操作性、简明性等。对于需要选取的想法数量，通常情况下，我们可以使用 10% 的原则来筛选数量——如果你有 60 个备选方案，那么每个人最多只能选出 6 个方案进入下个环节。同时，随着小组人数的增加，每个成员的可选择数量也应该相应降低。

2. 下面是一个非常重要的步骤，小组中的每个成员都需要阐述他们的想法，以让其他人能更好地理解。整个小组需要仔细倾听并且尝试理解。这个阶段不应该对选择结果进行讨论。进行这个步骤的目的是，确保每个成员在进入下一步之前都可以理解彼此为何做出这样的选择。

3. 在解释完所有的选项之后，使用评估性讨论或者合并类似想法的方法来进一步减少选项的数量——现在留下来的选项应该是最佳和最为重要的选项。我们喜欢把这些选项称作关键的少数，比如，日期、想法、方案、行动步骤等。

使用建议：

1. 当你在小组内对备选项进行筛选时，每个成员被允许选择的想法数量应该少于你独自进行这个操作的时候的想法数量。

2. 在第二个步骤——倾听并理解之后，可以使用另外的思维工具，比如，聚合法（见第 233 页），根据内容的标准对选项进行分类。

望远镜法示例

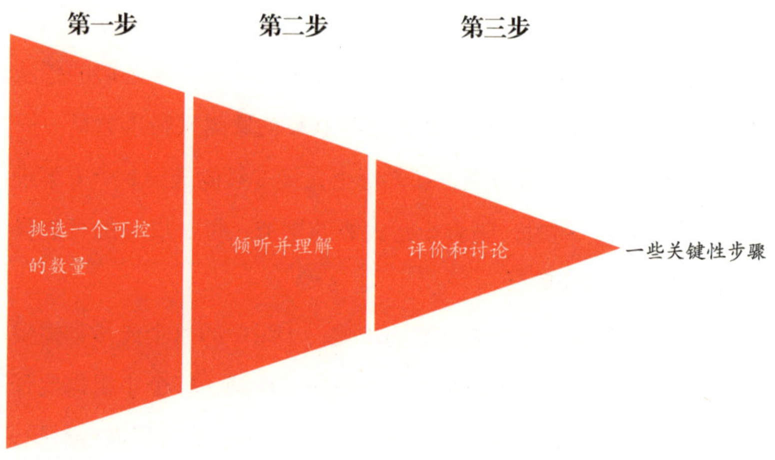

二、聚合法

聚合法这个思维工具可以帮助我们对大量的备选想法进行整合和分类，并且展现它们之间的关联。通过使用聚合法，我们可以简化筛选过程，并且能够更好地掌握所选项目的概况。

功能：

在创意流程的任意一环节中，我们都会使用到聚合法，包括在使用望远镜法或者 cocd box 法筛选选项的过程中，我们也会用到聚合法。

流程模型中的对应环节：

创意解难：所有步骤。

设计思维：所有步骤。

系统创意思维：所有步骤。

聚合法的步骤：

1. 聚合相似的选项。

2. 标注出共同之处。

使用方法：

1. 在对选项进行初选和讨论之后，把类似的选项聚合到一起，这些类似的选项在内容上有共同之处，例如，具有根本性技术原则的想法和用来吸引人们关注某个议题的想法。

2. 给每个聚合体定下一个可以用来描述其本质的标签。要确保每个标签都超过一个字。理想的情况是，聚合体的标签需要至少有一个动词和一个名词，例如，挖掘客户需求或者运用磁旋转法则。

使用建议：

1. 在想法产生以后，我们常常会遇到这样的情况——两个被筛选出的想法可能表达的是相同的意思，或者某个想法是另一个想法的一个分支。当我们在构建聚合体时，要区分两个想法是否相同或者它们是否表达了同样的内容。我们可以通过依次罗列这些想法，或者使用便利贴对它们进行排列，从而进行区别。

2. 当两个想法相似时，它们应该被记录在彼此的旁边。

3. 聚合体不能太大或者太抽象。如果一个聚合体中有5—7个选项，那么你应该思考是否需要把它进一步分割，从而获得更深层次的细节。

4. 在使用聚合法之后，如果你要继续处理成组的信息，你应该思考的是单独的备选想法，而不是把整个聚合体当作一个可用的选项。一个聚合体往往要比它的单一构成部分要抽象，因此要比独立的想法难以操作。聚合体的意义在于为众多备选想法整理出一个更好的概况。

聚合法示例

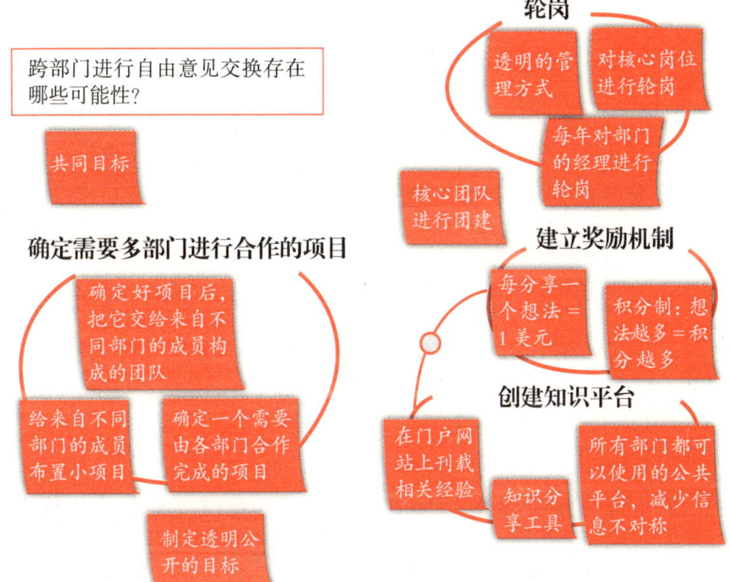

三、思维导图

思维导图是一个用来把想法和信息变得视觉化、条理化和系统化的思维工具。与本书中其他思维工具不同，思维导图不会给你指明思考方向，但会帮助你清晰地描绘出你思考的内容。这是 Tony Buzan（东尼·博赞）在四十多年前发明的思维工具。

功能：

思维导图这个思维工具适用于任何创意流程环节中的聚合性思维阶段，尤其是当你需要展现内容和结构的时候。

它不适用于需要建立某种顺序的情况，也不适用于发散性思维环节，例如，头脑风暴法环节，因为在结构自发形成的情况下，所产生的选项需要得到评估。

流程模型中的对应环节：

思维导图适用于任何创意流程环节中的聚合性思维阶段。

使用方法：

1. 在一张纸的中心位置写下思维导图的主题（最核心的想

法）。如果你使用思维导图软件，这一步就会自动生成。

2. 在每个节点上写下思维导图的内容，每个节点彼此相连，并且与核心想法相连。一个新的节点总是产生于上一个节点的末端。

3. 尝试在一个节点上使用一个关键词来代替一整句话。你可以使用附属的节点来添加细节。

4. 使用一些元素，例如，颜色、图像、符号来给节点添加更多的信息。这样，你可以突出相关且有意思的内容。

使用建议：

1. 如果你想对思维导图以及它适用的所有领域有进一步的了解，你可能会发现我的另一本书——*Mird Mapping for Dummies*（《写给大家的思维导图》）值得一看。

2. 一个思维导图并不是一个不需要解释的图表。你不能把一张思维导图直接展现给别人，一定要附上相关的解释。因此，当你在使用思维导图时，要当着所有相关人员的面来创立这个图，或者你要花一定的时间对它进行解释。

示例：

下面是 creaffective 公司在挑选营销方案时所使用的思维导图。

思维导图示例

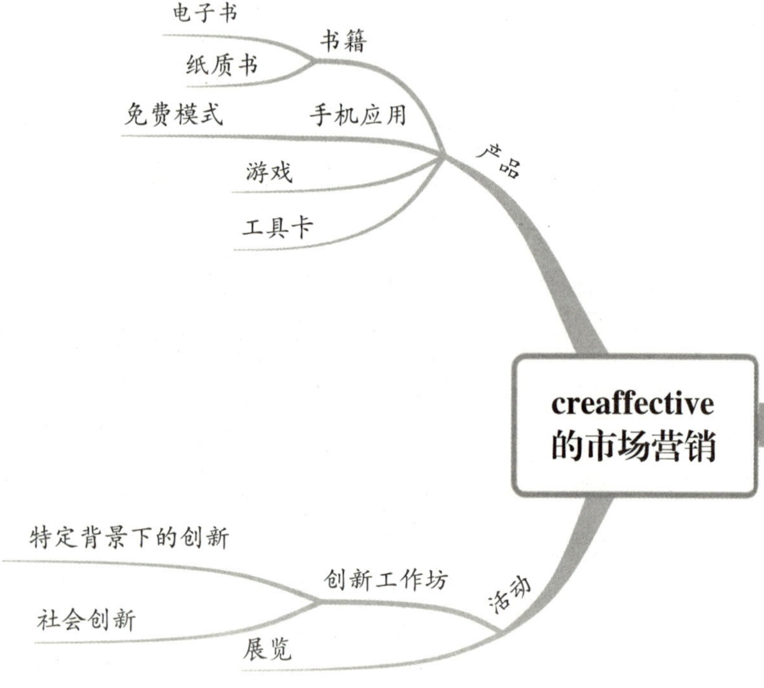
creaffective
的市场营销
产品
书籍
电子书
纸质书
手机应用
免费模式
游戏
工具卡
活动
创新工作坊
特定背景下的创新
社会创新
展览

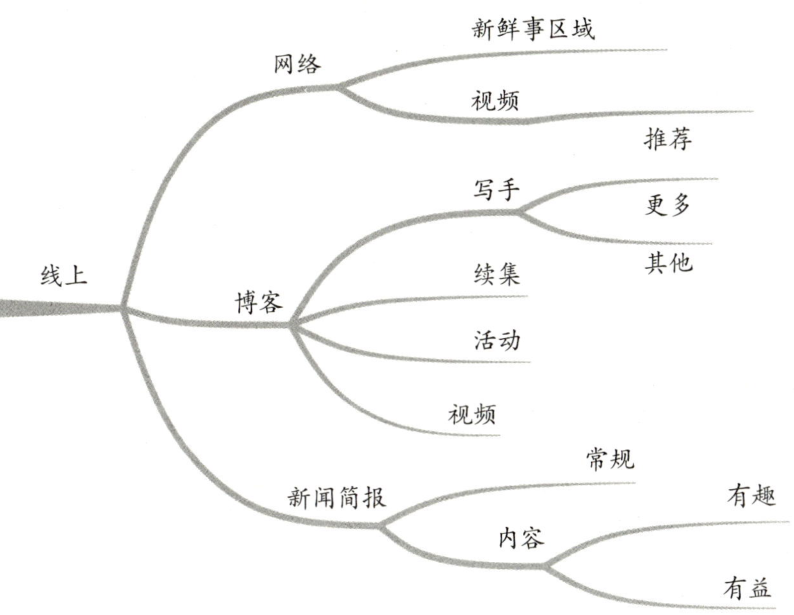
线上
网络
新鲜事区域
视频
推荐
写手
更多
其他
博客
续集
活动
视频
新闻简报
常规
内容
有趣
有益

我的笔记

思维工具索引

参考书目

1. Adunka (2009) *Elementare Umformungen*. Eigenverlag
2. Adunka (2009) *Funktionsanalyse (Basis) nach TRIZ für Produkte*. Eigenverlag
3. Altschuller, G. (1984) *Erfinden*. PI, Cottbus
4. Basadur, M. (2002) *Simplex System*. Basadur Applied Creativity, Toronto
5. Brown, T. (2009) *Change by Design*. Harper Collins, Toronto
6. Byttebier I, Vullings R (2007) *Creativity Today*. BIS Publishers, Amsterdam
7. Carlson, C.R/Wilmot, W.W (2006) *Innovation: The Five Disciplines for Creating What Customers Want*. Crown Publishing, New York
8. Davila, T./Epstein, M./Shelton, R. (2005) *Making Innovation Work*. Pearson, New Jersey
9. Davis, G.A (1999) *Creativity is Forever*. Kendall/Hunt, Dubuque
10. De Bono, E. (1995) *Teach Yourself to Think*. Penguin, London
11. De Bono, E. (1996) *Edward de Bono's Thinking Course*. BBC Active, Harlow
12. Eberle, B. (2008) *Scamper: Creative Games and Activities for Imagination Development*. Prufrock Press, Austin
13. Eckert, B. (2014) *Demystifying Innovation Culture Efforts*. www.newandimproved.com, New York
14. Ekvall, G.(1996) *Organizational Climate for Creativity and Innovation*. European Journal of Work and Organizational Psychology, 1996, 5(1), 105—123

15. Faltin, G. (2008) *Kopf schlägt Kapital*. Hanser, München

16. Gassmann (2013) *The Business Model Navigator*. Pearson, London

17. Geschka, H. (1979) *Methods and organization of ideas generation*. Creativity Week Two, 1979 Proceedings. Center for Creative Leadership, Greensboro

18. Gordon, W.J.J.(1961) *Synectics*. Harper & Row, New York

19. Govindarajan, V./Trimble, C. (2010) *The Other Side of Innovation*. Havard Business School Publishing, Boston

20. Gundlach, C./ Nähler, H.T (2006) *Innovation mit Triz: Konzepte, Werkzeuge, Praxisanwendungen*. Symposion, Düsseldorf

21. Hurson, T.(2008) *Think better*. McGrawHill, New York

22. Isaksen, S.G/ Treffinger, D.J (2004) *Celebrating 50 years of reflective practice: Versions of Creative Problem Solving*. The Journal of Creative Behavior, 38, 75 101.

23. Kahneman, D. (2011) *Thinking, Fast and Slow*. Macmillan, New York

24. Kim, W.C/Mauborgne, R. (2005) *Blue Ocean Strategy*. HBR Press, Boston

25. Klein, G. (2007) *The Power of Intuition*. Random House

26. Knapp, J. (2016) *Sprint: How to solve big problems and test new ideas in just five days*. Transworld, London

27. Koestler, A. (1964) *The act of creation*. Macmillan, New York

28. Michalko, M. (2006) *Thinkertoys-A Handbook for Creative-Thinking Techniques*. Ten Speed Press, Toronto

29. Michailidis, S. (2009) *Make it Happen with Momentum*. Creative Studies Graduate Student Master's Projects. Paper (http://digitalcommons.buffalostate.edu/creativeprojects/ 130)

30. Miller, B./Vehar, J./Firestien, R. (2001) *Creativity Unbound An Introduction to the Creative Process*. Innovation Res.Inc, Williamsville

31. Miller, B./Vehar, J./Firestien, R.(2001) *Facilitation A Door to Creative Leadership*. Innovation Resources Inc, Williamsville

32. Moon, Y. (2010) *Different-Escaping the competitive herd.* Crown Business, New York

33. Osborn, A.F.(1963) *Applied Imagination: Principles and procedures of creative problem-solving* (3rd ed.). Scribner, NewYork

34. Osterwalder, A./Pigneur, Y.(2011) *Business Model Generation.* Campus Verlag, Frankfurt

35. Parnes, S.J (1992) *Source Book for Creative Problem Solving*. Creative Education Foundation Press, Hadley

36. Plattner H, Meinel C, Leifer L (2001) *Design Thinking: Understand Improve Apply*. Springer, Heidelberg

37. Proctor, T. (2005) *Creative Problem Solving for Managers*. Routledge, London

38. Puccio, G.J/Murdock, M.C/Mance, M. (2007) *Creative Leadership skills that drive change*. Sage Publications, London

39. Rhodes, M. (1961) *An analysis of creativity*. Phi Delta Kappan, 42, 305—310.

40. Rhodes, M. (1987) *An analysis of creativity*. In Isaksen S.G, ed., Frontiers of creativity research: Beyond the basics. Bearly, Buffalo.

41. Ries, E. (2011) *The Lean Startup*. Crown Publishing Group.

42. Runco, M.A (2007) *Creativity*. Elsevier Academic Press, London

43. Rustler, F. (2011) *Mind Mapping für Dummies*. Wiley-VCH, Weinheim

44. Rustler, F. (2012) 我和麦片 — 靠客制服务让产品卖翻？动脑杂志，台北

45. Stein, M.I (1974) *Stimulating Creativity: Volume 1*.Academic Press, New York

46. Zwicky, F. (1969) *Discovery, Invention, Research-Through the Morphological Approach*. Macmillian, Toronto